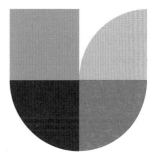

한국산업인력공단
출제기준에 따른 최신판!!

한식
조리기능사
7년간 출제문제

──────── 필기

 대한민국 국가대표 브 랜 드
 국가자격 시험문제 전문출판
에듀크라운 국가자격시험문제 전문출판
 최고의 적중률!! 최고의 합격률!!
크라운출판사 국가자격시험문제 전문출판
http://www.crownbook.co.kr

저자 약력

정수빈

한성대학교 대학원(외식경영학) 석사
금정마인드 요리 & 커피학원 원장(현)
국제요리경연대회 심사위원
통일부장관상 수상
대한민국 조리기능장

강미숙

경기대학교 대학원(대체의학) 석사
새희망병원 영양팀장(현)
인천영양사협회 이사
조리기능사 실기시험 감독위원
대한민국 조리기능장

박선화

경성대학교 대학원 (호텔관광외식경영학)박사
마스터요리학원 원장(현)
경성대학교 호텔관광외식경영학과 겸임교수
AF아티산페스티벌 요리분과 심사위원
한국조리협회 우수지도자상
유튜브 "마스터박사부" 채널 운영
대한민국 조리기능장

머리말

본 도서는 시험을 치르는 수험생들에게서 수집한 문제와 과년도 문제 중에 자주 나오는 문제들을 엄선하였다. 구성은 2014년, 2015년, 2016년, 2017년, 2018년, 2019년, 2020년 기출복원문제로 정리했다. 즉, 2014년부터 2020년까지의 7년 동안 출제되었던 문제들 중 빈번하게 출제되었던 기출문제들로 구성했고, 또 2020년 달라진 시험유형과 NCS 교육과정을 반영하여 중요 부분과 세부적인 부분을 놓치지 않도록 다양한 문제를 수록했다. 이 문제집은 문제를 풀면서 궁금증이 바로 해소되도록 문제마다 본문의 내용을 자세히 해설로 달았다.

도서는 짧은 시간에 필기시험에 합격할 수 있도록 구성하였다.

조리기능사 필기시험을 빠르게 합격하기 위한 팁은 어려운 이론 부분을 다양한 유형의 문제들을 풀어보면서 출제유형을 파악하는 것으로, 문제들을 많이 풀어보아야 한다. 또한 수험생들이 효과적으로 공부하도록 한식에 해당하는 문제풀이 부분을 더 많이 실었고, 문제마다 해설을 달아 바로 궁금증이 해소되어 시간을 절약할 수 있다. 한식조리기능사 필기를 준비하는 여러분은 이 문제집 한권으로 빠르게 합격의 지름길로 들어설 수 있을 것이다.

도서가 출간되기까지 도움을 주신 출판사 편집자 여러분과 크라운출판사 이상원 회장님께 진심으로 감사의 마음을 전합니다.

합격 포인트

1 전체 60문제 중에서 36개만 넘으면(60점 기준) 합격이므로 이 책에서 구성해 놓은 대로, 전체를 다 맞을 생각보다는 빈도수가 높은 문제 위주로 풀어 정리하면 합격할 수 있다.

2 너무 오랫동안 책을 볼 생각 말고 딱 2주를 집중하여 이 문제집을 풀어본다면 합격으로 가는 빠른 길이 될 것이다.

3 다양한 유형의 문제들을 많이 풀어보아야 한다. 이 문제집은 2014년부터 2020년까지 7년 동안 출제되었던 14회차에 해당하는 분량의 문제들을 풀어볼 수 있어 이 문제집만으로도 합격에 부족함이 없을 것이다.

직무분야	음식 서비스	중직무 분야	조리	자격종목	한식 조리기능사	적용기간	20201.1.~2022.12..31.
○ 직무내용 : 한식메뉴 계획에 따라 식재료를 선정, 구매, 검수, 보관 및 저장하며 맛과 영양을 고려하여 안전하고 위생적으로 음식을 조리하고 조리기구와 시설관리를 수행하는 직무이다.							
필기 검정방법	객관식			출제 문제수	60	시험시간	1시간

1. 한식 식품 위생관리	
세부항목	**세세항목**
1. 개인 위생관리	1. 위생관리기준 2. 식품위생에 관련된 질병
2. 식품 위생관리	1. 미생물의 종류와 특성 2. 식품과 기생충병 3. 살균 및 소독의 종류와 방법 4. 식품의 위생적 취급기준 5. 식품첨가물과 유해물질
3. 주방 위생관리	1. 주방위생 위해요소 2. 식품안전관리인증기준(HACCP) 3. 작업장 교차오염발생요소
4. 식중독 관리	1. 세균성 식중독 2. 자연독 식중독 3. 화학적 식중독 4. 곰팡이 독소
5. 식품위생 관계 법규	1. 식품위생법 및 관계법규 2. 제조물책임법
6. 공중 보건	1. 공중보건의 개념 2. 환경위생 및 환경오염 관리 3. 역학 및 감염병 관리

2. 한식 안전관리	
세부항목	**세세항목**
1. 개인안전 관리	1. 위생관리기준 2. 식품위생에 관련된 질병
2. 장비 · 도구 안전작업	1. 미생물의 종류와 특성 2. 식품과 기생충병 3. 살균 및 소독의 종류와 방법 4. 식품의 위생적 취급기준 5. 식품첨가물과 유해물질
3. 작업환경 안전관리	1. 주방위생 위해요소 2. 식품안전관리인증기준(HACCP) 3. 작업장 교차오염발생요소

3. 한식 재료관리

세부항목	세세항목
1. 식품재료의 성분	1. 수분 2. 탄수화물 3. 지질 4. 단백질 5. 무기질 6. 비타민 7. 식품의 색 8. 식품의 갈변 9. 식품의 맛과 냄새 10. 식품의 물성 11. 식품의 유독성분
2. 효소	1. 식품과 효소
3. 식품과 영양	1. 영양소의 기능 및 영양소 섭취기준

4. 한식 구매관리

세부항목	세세항목
1. 시장조사 및 구매관리	1. 시장 조사 2. 식품구매관리 3. 식품재고관리
2. 검수 관리	1. 식재료의 품질 확인 및 선별 2. 조리기구 및 설비 특성과 품질 확인 3. 검수를 위한 설비 및 장비 활용 방법
3. 원가	1. 원가의 의의 및 종류 2. 원가분석 및 계산

5. 한식 기초 조리실무

세부항목	세세항목
1. 조리 준비	1. 조리의 정의 및 기본 조리조작 2. 기본조리법 및 대량 조리기술 3. 기본 칼 기술 습득 4. 조리기구의 종류와 용도 5. 식재료 계량 방법 6 조리장의 시설 및 설비 관리
2. 한식 조리 개요	1. 한식의 이해 2. 한국 상차림의 구분 3. 한식의 식기 4. 양념의 종류 5. 한식의 고명
1. 한식 밥 조리	1. 밥 재료 준비 2. 밥 조리 3. 밥 담기
2. 한식 죽 조리	1. 죽 재료 준비 2. 죽 조리 3. 죽 담기
3. 한식 국 · 탕 조리	1. 국 · 탕 재료 준비 2. 국 · 탕 조리 3. 국 · 탕 담기
4. 한식 찌개 조리	1. 찌개 재료 준비 2. 찌개 조리 3. 찌개 담기
5. 한식 전 · 적 조리	1. 전 · 적 재료 준비 2. 전 · 적 조리 3. 전 · 적 담기
6. 생채 · 회 조리	1. 생채 · 회 조리 준비 2. 생채 · 회 조리 3. 생채 · 회 담기
7. 조림 · 초 조리	1. 조림 · 초 조리 준비 2. 조림 · 초 조리 3. 조림 · 초 담기
8. 구이 조리	1. 구이 조리 준비 2. 구이 조리 3. 구이 담기
9. 숙채 조리	1. 숙채 조리 준비 2. 숙채 조리 3. 숙채 담기
10. 볶음 조리	1. 볶음 조리 준비 2. 볶음 조리 3. 볶음 담기

Contents

Part 01 한식 위생관리

01 개인 위생관리 ··· 10

02 식품 위생관리 ··· 10

03 유해물질 ··· 16

04 주방 위생관리 ··· 17

05 식품위생 관계 법규 ··· 19

06 공중보건 ··· 21

Part 02 한식 안전관리

01 개인 안전관리 ··· 26

02 장비·도구 안전작업 ··· 27

03 작업환경 안전관리 ··· 27

Part 03 한식 재료관리

01 식품재료의 성분 ··· 30

02 효소 ··· 39

03 식품과 영양 ··· 40

04 저장관리 ··· 41

Part 04 한식 구매관리

01 구매관리 및 계획 ··· 44

02 검수관리 ··· 45

03 원가 ··· 45

Part 05 한식 기초 조리실무

01 조리 준비 ···································· 48

02 식품의 조리원리 ························· 49

03 축산물의 조리 및 가공·저장 ········ 52

04 수산물의 조리 및 가공·저장 ········ 53

05 유지 및 유지가공품 ···················· 53

06 냉동식품의 조리 ························· 54

Part 06 한식 조리

01 한식 조리의 개요 ························ 56

02 한식 밥 조리 ····························· 58

03 한식 죽 조리 ····························· 59

04 한식 국·탕 조리 ························· 60

05 한식 찌개 조리 ·························· 62

06 한식 전·적 조리 ························· 62

07 한식 생채·회 조리 ····················· 63

08 한식 조림·초 조리 ····················· 64

09 한식 구이 조리 ·························· 65

10 한식 숙채 조리 ·························· 66

11 한식 볶음 조리 ·························· 67

Part 07 기출복원문제

01 2014년 기출복원문제 제1회 ········· 70

02 2014년 기출복원문제 제2회 ········· 79

03 2015년 기출복원문제 제1회 ········· 88

04 2015년 기출복원문제 제2회 ···································· 98

05 2016년 기출복원문제 제1회 ···································· 107

06 2016년 기출복원문제 제2회 ···································· 116

07 2017년 기출복원문제 제1회 ···································· 126

08 2017년 기출복원문제 제2회 ···································· 135

09 2018년 기출복원문제 제1회 ···································· 144

10 2018년 기출복원문제 제2회 ···································· 153

11 2019년 기출복원문제 제1회 ···································· 162

12 2019년 기출복원문제 제2회 ···································· 170

13 2020년 기출복원문제 제1회 ···································· 179

14 2020년 기출복원문제 제2회 ···································· 187

PART 01 한식 위생관리

01 개인 위생관리

02 식품 위생관리

03 유해물질

04 주방 위생관리

05 식품위생 관계 법규

06 공중보건

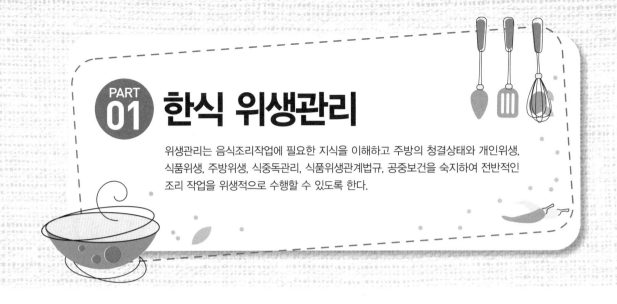

PART 01 한식 위생관리

위생관리는 음식조리작업에 필요한 지식을 이해하고 주방의 청결상태와 개인위생, 식품위생, 주방위생, 식중독관리, 식품위생관계법규, 공중보건을 숙지하여 전반적인 조리 작업을 위생적으로 수행할 수 있도록 한다.

1 개인 위생관리

① 조리복, 조리모, 조리앞치마, 조리안전화는 항상 위생적으로 청결하게 착용한다.

② 손톱, 두발을 청결하게 하고, 매니큐어, 시계, 반지, 귀걸이 등 장신구는 착용하지 않는다.

③ 상처가 손에 났을 경우 치료 후, 위생장갑을 끼고 조리한다.

④ 조리과정 중 머리, 코 등의 신체부위를 만지지 않고, 기침이나 재채기 등을 하지 않는다.

⑤ 화농성질환이 있는 자는 조리를 하지 않는다.

2 식품 위생관리

① **식품위생의 정의** : 식품의 생육, 생산, 제조과정에서 안전성, 건전성(보존성) 또는 악화방지를 위해 취해지는 모든 수단들이다.

② **식품위생의 대상** : 우리나라 식품위생의 대상은 식품, 첨가물, 기구 용기와 포장을 대상으로 한다.

③ **식품위생의 목적** : 식품으로 인한 위생상의 위해사고 방지, 식품영양의 질적 향상 도모, 국민보건의 증진에 이바지함을 목적으로 한다.

  ㉠ 미생물의 종류와 특성

  • 곰팡이(Mold) : 곡식류(건조식품)를 품질 저하시킴. 곡물을 당화시키는 작용을 함(누룩곰팡이, 푸른곰팡이).

  • 효모(Yeast): 곰팡이와 세균의 중간(단당류 분해산물인 이산화탄소를 이용해 발효)−누룩, 이스트

- 스피로헤타(Spirochaeta) : 단세포식물과 다세포식물의 중간(매독, 딸기종, 재귀열).
- 세균(Bacteria) : 사람(동물)의 몸에 기생하여 질병을 일으키는 살모넬라균, 결핵균, 폐렴균
- 리케차(Rickettsia) : 세균과 바이러스의 중간으로 살아 있는 동물세포 속에서만 기생 증식 (발진티푸스, 쓰쓰가무시병 유발)
- 바이러스(Virus) : 세균여과기를 통과하는 미생물 가운데 크기가 가장 작다. 바이러스는 특정 생물만 감염시킨다. (감기, 독감, 후천성면역결핍증, 소아마비, 간염, 천연두 홍역, 풍진, 수두, 코로나 등 특히 바이러스는 돌연변이가 일어나 치료제의 효과가 낮음)

ⓒ 미생물 생육에 필요한 조건
- 영양소 : 탄소원(당질), 질소원(아미노산, 무기질소), 무기염류, 비타민 등 영양소가 필요하다.
- 수분 : 미생물의 발육 증식에 필요한 수분은 40% 이상이다.
- 온도 : 균의 종류에 따라 발육온도가 다르며, 80℃이상에서는 발육하지 못한다.

저온균(15~20℃)	식품의 부패를 일으키는 부패균
중온균(25~37℃)	질병을 일으키는 병원균
고온균(55~60℃)	온천물에 서식하는 온천균

- 수소이온농도 : 곰팡이와 효모는 pH가 4.0~6.0으로 산성에서 잘 자라고, 세균은 최적 pH가 6.5~7.5로 보통 중성 내지 약알칼리에서 잘 자란다.
- 산소 : 미생물은 산소를 이용하는 균(호기성)과 이용하지 않는 균(혐기성)이 있다.

호기성	호기성	산소를 필요로 하는 균 (곰팡이, 효모)
	편성호기성	산소를 절대적으로 필요로 하는 균
혐기성	통성혐기성	산소가 있거나 없거나 관계가 없는 균(대장균)
	편성혐기성	산소를 절대적으로 기피(싫어)하는 균 (보툴리누스균)

ⓒ 미생물과 식품의 변질

부패	단백질 식품이 혐기성 미생물에 의해 변질되는 현상
변패	단백질 이외에 식품(탄수화물)이 미생물에 의해 변질되는 현상
후란	단백질 식품이 호기성 미생물에 의해 변질되는 현상 악취는 없음
산패	유지(기름)가 공기 중의 산소, 일광, 금속에 의해 변질되는 현상
발효	탄수화물이 미생물의 작용을 받아 유기산, 알코올 등을 생성하는 현상

ⓒ 식품의 부패판정 기준

식품의 부패판정	생균수 검사	식품 1g당 10^7~10^8일 때 초기부패로 판정
식품의 오염지표 검사	대장균 검사	분변오염 지표 균
	장구균 검사	분변오염+냉동식품 오염여부 판정

④ 식품의 저장 및 위생적 취급방법

ㄱ 냉장, 냉동, 움 저장법

냉장법	냉동법	움 저장
0~4℃에서 저온 저장하는 방법	급속 동결(-40℃)-20℃ 저장	10℃에서 저장(땅속, 동굴)
과일, 채소	육류, 어류	감자, 고구마

ㄴ 가열살균법

저온살균법	61~65℃에서 약 30분간 가열 후 급속 냉각	우유, 주스
고온단시간	70~75℃에서 20초내에 가열 후 급속 냉각	우유, 과즙
초고온순간살균법	130~140℃에서 2초간 가열 후 급속 냉각	우유, 과즙
고온장시간살균법	95~120℃에서 약 60분간 가열 후 냉각(냉각온도)	통조림

※ 우유 살균법 : 저온살균법, 고온살균법, 초고온순간살균법

⑤ 식품과 기생충병

ㄱ 감염병 발생의 3대 요인

- 감염원(병원체, 병원소) : 질병을 일으키는 원인으로 환자, 보균자, 오염된 식품 등이 있다.
- 환경(감염경로) : 질병이 전파되는 과정으로 직접감염, 공기감염, 간접간염 등이 있다.
- 숙주의 감수성 : 개인마다 차이가 있으나, 감수성이 높으면 질병에 걸릴 확률이 높다.

ㄴ 병원체에 따른 감염병의 분류

바이러스성 감염병	호흡기계	인플루엔자, 홍역, 유행성 이하선염, 두창
	소화기계	소아마비(폴리오), 유행성간염
세균성 감염병	호흡기계	나병, 결핵, 디프테리아, 폐렴, 성홍열
	소화기계	장티푸스, 콜레라, 세균성 이질, 파라티푸스

ㄷ 감염병의 분류 및 특징

경구감염병	인수공통감염병
• 환자 발생이 폭발적으로 증가 • 음료수 사용지역과 유행지역이 일치 • 치명률이 낮고, 2차 감염환자 거의 없음 • 계절에 관계없이 발생 • 성별, 연령, 직업, 생활수준에 차이 없이 발생	• 결핵 → 소, 파상열 → 소(브루셀라) • 살모넬라증, 돈단독, 선모충, Q열 → 돼지 • 광견병(공수병) → 개 • 탄저 · 비저 → 양, 말 • 야토병 → 산토끼, 페스트 → 쥐

ㄹ 식품과 기생충병

채소로부터 감염되는 기생충	회충, 구충(십이지장충), 요충, 동양모양선충, 편충
육류로부터 감염되는 기생충	유구조충, 무구조충, 선모충, 만소니열두조충
어패류로부터 감염되는 기생충	간흡충, 폐흡충, 횡천흡충, 아니사키스, 광절열두조충

- 중간숙주가 없는 기생충(채소를 통한 감염)
  - 회충 : 우리나라에서 회충에 의한 감염률이 가장 높다. 직사광(일광)과 열에 약하다.
  - 구충(십이지장충) : 경피감염되는 기생충(분변을 거름으로 사용) 맨발로 흙을 밟지 않는다.
  - 요충 : 항문 주위, 대장에 서식한다. 흙을 만진 손을 잘 씻는다. 구충제를 복용한다.
  - 편충 : 대장에서 혈액이나 조직을 액화시켜 흡혈한다. 배설물로 인한 흙이 매개체이다.
  - 동양모양선충 : (식염에 강함)사람 소장(점막)에 부착하여 흡혈(빈혈, 복통, 설사를 유발)한다.
- 중간숙주가 한 개인 기생충(육류를 통한 감염)
  - 무구조충 : 소– 선모충, 유구조충 : 돼지
  - 만소니열두조충 : 닭– 톡소플라즈마 : 고양이
- 숙주가 두 개인 기생충 : 어패류를 통한 감염
  - 간흡충(간디스토마) – 제1중간숙주(왜우렁이) → 제2중간숙주(담수어 : 붕어, 잉어)
  - 폐흡충(폐디스토마) – 제1중간숙주(다슬기) → 제2중간숙주(가재, 게)
  - 요코가와흡충(횡천흡충) – 제1중간숙주(다슬기) → 제2중간숙주(담수어 : 특히 은어)
  - 광절열두조충(긴촌충) – 제1중간숙주(물벼룩) → 제2중간숙주(담수어 : 송어, 연어)
  - 아니사키스 – 제1중간숙주(갑각류) → 제2중간숙주(오징어, 고래)
- 사람이 중간숙주가 되는 것 : 말라리아

⑥ 살균 및 소독의 종류와 방법

멸균	병원균, 비병원균, 모든 미생물과 아포(알)까지 완전 사멸
살균	미생물을 사멸
소독	병원미생물의 생육을 약화시키거나 감염력을 없애버림
방부	미생물의 생육을 억제시키거나 정지시켜 부패를 방지(일시적 효과)

㉠ 물리적 소독방법

- 무가열 소독방법

자외선 살균법	자외선을 이용 2500~2800 Å (옴스트롱) 정도일 때 가장 강함
방사선 살균법	코발트60(60Co)이라고 하는 방사선을 식품에 조사시켜 균을 죽임
세균여과법	액체류 식품을 세균여과기로 걸러 균을 제거하는 방식
초음파살균법	전자파를 이용하는 소독 방법

• 가열 소독방법

자비소독	식기, 행주소독	끓는 물(100℃)에 30분 정도 가열
화염멸균법	도자기류 소독	20초 이상 가열하여 표면의 미생물을 살균
유통증기멸균법	의류, 침구류 소독	100℃유통증기에서 30~60분간 가열
유통증기간헐멸균법	내열성균	100℃유통증기에서 24시간마다 15~20분 3회 가열
간헐멸균법	유리기구,주사바늘	간헐멸균기에 넣고 150~160℃에서 30분 가열
고압증기멸균법	통조림	고압증기멸균솥121℃(압력15파운드)에서 15~20

• 우유 살균법

저온살균(LTLT법)	61~65℃에서 30분간 가열
고온단시간(HTST법)	70~75℃에서 15~20초간 가열
초고온순간(UHT법)	130~140℃에서 2초간 살균

• 화학적 소독방법

염소(차아염소산나트륨)	수돗물 소독, 과일, 채소, 식기소독
표백분(클로르칼키)	수영장 소독, 채소, 식기소독
석탄산(소독약의 지표로 이용)	화장실, 하수도 등의 오물소독
생석회(화장실 소독에 우선 사용)	변소(분뇨) 하수도, 진개 등
포르말린(포름알데히드 수용액)	변소(분뇨) 하수도, 진개 등
역성비누	조리사의 손 소독, 과일, 채소
포름알데히드(기체)	병원, 도서관, 거실
승홍수(금속을 녹슬게 함)	비금속기구 소독
에틸알코올	금속기구, 손 소독
에틸렌옥사이드(기체)	식품 및 의약품 소독

⑦ **식품첨가물**

　㉠ 식품첨가물의 정의 : 식품첨가물은 식품의 제조 · 가공 · 보존할 때 첨가하거나 혼합하여 침윤하는 방법으로 사용되는 화학적합성품이다.

　㉡ 식품첨가물의 사용목적 : 품질유지 · 개량, 영양 강화, 보존성 향상, 관능만족

　㉢ 식품첨가물의 분류

　　• 보존료 : 무독성으로 미량사용으로도 효과가 있으며, 값이 저렴해야 함

데히드로초산나트륨	버터, 치즈, 마가린
안식향산나트륨	청량음료, 간장, 식초, 채소, 과일
소르빈산나트륨	육제품, 절임식품, 된장, 케첩
프로피온산나트륨	빵, 과자류

• 산화방지제 : 산화로 인한 식품의 변질현상을 방지하는 데 사용(황산화제)

BHA(부틸히드록시아니졸)	식용유, 마요네즈, 추잉껌
BHT(디부틸히드록시톨루엔)	식용유, 버터, 곡류
몰식자산프로필	식용유지, 버터류
에리소르빈산염	색소 산화 방지작용으로 사용기준 없음

※ 천연황산화제 : 비타민 E(토코페롤), 비타민 C(아스코르빈산), 참기름(세사몰), 목화씨(고시폴)

• 감미료 : 식품에 단맛을 부여하기 위해 사용함

사카린나트륨	사용가능	설탕의 300배의 감미(예 건빵, 생과자, 청량음료)
	사용불가	식빵, 이유식, 백설탕, 포도당, 물엿, 벌꿀, 알사탕
D-솔비톨		설탕 0.7배의 단맛으로 충치예방에 적당(예 과일, 통조림, 냉동식품의 변성방지제)
글리실리진산나트륨		간장, 된장 외에는 사용금지
아스파탐		설탕 150배의 감미[예 청량음료, 빵·과자류(0.5% 사용)]

• 산미료 : 식품에 산미(酸味:신맛)를 부여하기 위해 사용(구연산, 빙초산, 구연산칼륨, 글루콘산, 초산나트륨, 젖산나트륨, 주석산, 호박산 등)

• 착색제와 발색제

착색제	식품의 가공공정에서 상실되는 색을 복원하거나 외관을 좋게 보이도록 사용
	과실이나 채소류의 저장품, 다시마, 껌, 완두콩, 한천 이외에는 사용을 금지
발색제	무색으로 식품의 색소성분과 반응해서 그 색을 고정하거나 선명하게 함
	육제품발색제 : 아질산나트륨, 질산나트륨, 아질산칼륨, 질산칼륨
	식물성식품의 발색제 : 황산제1철, 황산제2철, 소명반

ⓔ 식품제조·가공용 첨가물

소포제	• 두부를 제조하는 과정에서 거품을 제거할 목적으로 사용 • 규소수지, 실리콘수지
표백제	• 과채류, 새우, 감자 등 식품의 색소가 변색되는 것을 방지하기 위해 사용 • 아황산나트륨, 과산화수소, 차아염소산나트륨, 황산나트륨
팽창제	• 빵이나 과자 등을 만드는 과정에서 가스를 발생시켜 부풀게 하는 첨가물 • 명반, 탄산수소나트륨, 탄산암모늄, 탄산수소암모늄, 이스트(효모, 천연첨가물)
용제	• 첨가물 사용 시 첨가물이 잘 녹지 않을 경우 용해하여 식품에 균일하게 사용 • 글리세린, 핵산, 프로필렌글리콜

ⓜ 품질유지 및 품질개량을 위해 사용하는 첨가물

초산비닐수지	피막제 이외에 껌 기초제로 사용
몰폴린지방산염	감귤류 등 과채류 표면에 사용
천연 레시틴	콩에서 추출하는 레시틴, 달걀노른자에서 추출하는 레시틴
천연 유화안정제	해초류에서 추출하는 알긴산, 카라기난(Carageenan), 구아검(Guar Gum)
이형제	빵틀에서 빵을 쉽게 분리할 목적으로 사용(유동파라핀)
껌기초제	껌의 점성과 탄력성, 풍미를 위해사용(초산비닐수지, 에스테르껌)
방충제	곡류 저장 시 방충목적으로 사용(피페로닐부톡사이드)

⑧ 유해물질

ⓐ 유해중금속

카드뮴(Cd)	이타이이타이병	골연화증(뼈에 축적되어 발생한 공해병)
수은 (Hg)	미나마타병	언어장애(메틸수은이 포함된 어류 섭취로 발생)
납(Pb)	유약 바른 도자기	빈혈, 구토, 복통, 설사
주석(Sn)	통조림(캔) 주성분	위장장애, 구토, 설사
불소(Fluorine)	불소함량에 주의	불소과잉(반상치), 불소부족(우치), 골경화증
크롬(Chrom)	금속, 화학공장폐기물	비중격천공, 비점막궤양
비소(As)	살충제, 유리제조시 사용	습진성 피부질환, 구토, 위통, 설사, 신경염
아연(Zinc)	금속의 도금용으로 사용	구토, 복통, 설사, 경련, 오심

ⓑ 유해 첨가물 : 사용이 금지된 첨가물

착색제	아우라민 (단무지), 로다민B(붉은 생강, 어묵)
감미료	둘신, 사이클라메이트, 페릴라
표백제	롱가릿, 형광표백제
보존료	붕산, 포름알데히드, 불소화합물, 승홍

ⓒ 유해 농약 : 수확 전 15일 이내 살포 금지

유기인제	혈압상승, 신경증상, 근력감퇴, 신경독 유발 파라티온 – 말라티온, 다이아지논
유기염소제	복통, 설사, 두통, 구토, 전신권태, 시력감퇴 신경독 유발 – DDT, BHT
비소화합물	목구멍과 식도의 수축, 위통, 구토, 설사, 혈변, 소변량 감소 – 비산칼슘

ⓓ 식품첨가물의 안전성 평가

급성 독성실험	짧은 기간 과량의 물질을 한 번의 노출로 효과를 관찰하는 실험
아급성 독성실험	1개월 동안 반복적으로 물질을 노출시켜 관찰하는 실험
만성 독성실험	3개월 이상 지속적으로 관찰하는 방법으로 비용부담이 큼

3 유해물질

① 주방위생 위해요소 관리

ⓐ 조리장은 매일 1회 이상 청소 · 소독 관리, 출입문과 창문은 방충시설을 설치한다.

ⓑ 식품은 항상 보관시설과 냉장 · 냉동시설에 위생적으로 보관한다.

ⓒ 조리기구와 기기들은 사용 후 바로 깨끗이 세척 · 소독한 후 정돈하여 보관한다.

② **식품안전관리인증기준(HACCP)**

    ㉠ HACCP 5단계(계획단계)

- 주도적으로 담당할 HACCP팀 구성(업소 내 핵심요원 포함)
- 제품설명서 작성
- 해당 식품의 의도된 사용방법 및 소비자 파악
- 공정단계 파악 후 공정흐름도 작성
- 작성된 공정흐름도와 평면도가 일치하는지 검증

    ㉡ HACCP 7원칙(실행단계)

- 원칙1 위해요소분석
- 원칙2 중요관리점
- 원칙3 한계기준설정
- 원칙4 모니터링체계 확립, 감시
- 원칙5 한계기준 이탈 시 개선조치 절차 수립
- 원칙6 검증절차 수립
- 원칙7 기록유지

③ **작업장 교차오염 발생요소와 위생관리**

    ㉠ 조리실은 전처리구역, 조리구역, 완성품 구역으로 나누어 작업하여 교차오염을 방지한다.

    ㉡ 칼·도마, 고무장갑은 색깔을 지정하여 육류, 어류, 채소 등 구분하여 전용으로 사용한다.

    ㉢ 조리 시 화장실 이용을 자제하고, 화장실 이용 후 반드시 손을 씻어 청결을 유지한다.

4 주방 위생관리

① **식중독과 관련된 질병**

    ㉠ 감염형 식중독 : 병원체에 오염된 식품이 체내에서 증식하여 발생

종류	특징
살모넬라 원인균 : 살모넬라	• 증상 : 급격한 발열(38~40℃) 및 위장증 • 원인식품 : 육류, 어패류, 우유 등의 가공품
장염비브리오 원인균 : 비브리오	• 증상 : 구토, 복통, 설사(혈변), 급성위장염 • 원인식품 : 여름철 덜 익힌 어패류 생식 시 발생
병원성대장균 원인균 : 병원성대장균	• 증상 : 급성대장염 • 원인식품 : 분변오염, 우유, 햄, 소시지, 가정에서 만든 마요네즈
웰치균 원인균 : 웰치균 A형	• 증상 : 복통, 심한 설사 • 원인식품 : 육류, 어패류 가공품, 튀김두부

ⓛ 독소형 식중독 : 식품에 병원체가 증식하여 생성한 독소에 의해 발생

종류	특징
황색포도상구균 원인균 : 포도상구균 원인독소 : 엔테로도톡신	• 원인식품 : 김밥, 도시락, 떡, 콩가루(구토, 복통, 설사) • 잠복기 : 잠복기가 가장 짧음(식후 3시간) • 특징 : 엔테로도톡신은 내열성이 강해 가열해도 파괴되지 않음
클로스트리움 보툴리눔 원인균 : 보툴리눔 원인독소 : 뉴로톡신	• 원인식품 : 살균불량 통조림가공품, 햄, 소시지[신경독소(신경마비증상)] • 잠복기 : 잠복기가 가장 김(식후 12~36시간) • 특징 : 120℃에서 30분 이상 가열 시 예방할 수 있음

ⓒ 자연독 식중독

감자	솔라닌	감자의 발아(싹) 부분
	셉신	부패(썩은)한 감자
버섯	독성질	무스카린, 콜린, 뉴린, 팔린, 아마니틴, 무스카리딘, 파실로신
	위장형	알광대버섯, 광대버섯, 마귀곰버섯, 화경버섯, 미치광이버섯, 무당버섯
복어	테트로도톡신	난소>간>내장>피부 순으로 독성이 강함
		산란 전 5~6월 독성이 강하고, 끓여도 파괴되지 않음
바지락, 굴, 모시조개	베네루핀	1~4월에 마비성 패류중독 주의, 6월 이후 없어짐
섭조개(홍합)	삭시톡신	5~9월 마비성 패류중독 주의, 9월 이후 없어짐

ⓔ 화학적 식중독

카드뮴(Cd)	이타이이타이병으로 골연화증 유발 – 뼈에 축적되어 발생한 공해병
수은(Hg)	미나마타병으로 언어장애 유발 – 메틸수은이 포함된 어류 섭취로 발생
납(Pb)	유약 바른 도자기가 원인이 될 수 있음 – 빈혈, 구토, 복통, 설사
주석(Sn)	찌그러진 통조림(캔)이 원인이 될 수 있음(위장장애, 구토, 설사
불소(Fluorine)	불소과잉(반상치), 불소부족(우치) – 불소 함량에 주의, 골경화증
크롬(Chrom)	금속, 화학공장폐기물이 원인이 될 수 있음 – 비중격천공, 비점막궤양

ⓜ 곰팡이 독소

아플라톡신(Aflatoxin)	곡류, 땅콩 – 간장독, 간암유발
에르고톡신(Ergotoxin)	맥각중독(보리, 호밀) – 간장독, 간암유발
시트리닌, 시트리오비리딘, 아이슬랜디톡신	황변미중독(변질된 쌀), 페니실리움(Penicillum)속 – 신장독, 신경독, 간장독, 간암유발

ⓗ 기타의 유독물질

청매, 살구씨, 복숭아씨	아미그달린(Amygdalin)
독미나리	시큐톡신(Cicutoxin)
목화씨	고시폴(gossypol)
피마자	리신(Ricin)
독보리	테무린(Temuline)

ⓐ 바이러스 식중독 : 노로바이러스, A형 간염바이러스, E형 간염바이러스

감염경로	• 주로 음식을 통해 감염된다. 겨울철에도 많이 발생하는 특징이 있음 • 식기, 숟가락, 대화를 통해서도 전염(설사, 구토, 급성 위장염)

🍲 ⑤ 식품위생 관계 법규

① **식품위생법 및 관계 법규**

  ㉠ 식품위생의 목적 : 식품위생의 질적 향상 도모, 국민보건에 이바지함, 식품에 관한 올바른 정보 제공

  ㉡ 식품위생의 대상 : 식품, 식품첨가물, 식품에 직접 닿는 기구 · 기계, 용기 · 포장

  ㉢ 식품위생 관련 용어의 이해

- 집단급식소 : 비영리를 목적으로, 50인 이상 특정의 다수인에게 계속적으로 식사를 제공
- 식품첨가물 : 식품을 제조 · 가공, 조리 또는 보존하는 과정에서 첨가하는 방부제(보존료)
- 식품위생감시원의 직무
  - 식품 등의 위생적 취급기준에 관한 이행지도
  - 수입 · 판매, 금지된 식품 취급, 광고기준 위반 여부에 관한 단속
  - 조리사 · 영양사의 법령준수사항, 영업자 · 종업원의 건강진단 및 위생교육 여부 확인 · 지도
  - 시설기준의 적합여부 확인 · 검사, 식품 등의 압류 · 폐기 등
  - 그 밖의 영업자의 법령 이행 여부에 관한 확인 · 지도, 영업소 폐쇄 시 간판제거 조치

  ㉣ 영업 및 관련법규

- 조리사를 두어야 하는 곳 : 집단급식소, 복어를 조리 판매하는 식품접객업
- 영양사를 두어야 하는 곳 : 상시 1회 50인 이상에게 식사를 제공하는 집단급식소

  ㉤ 영업의 허가, 등록

허가 업종	허가권자	등록 업종	등록처
식품조사처리업	식품의약품안전처장	–	–
단란주점	시장 · 군수 · 구청장 ·	식품제조가공업	시장 · 군수 · 구청장 ·
유흥주점	특별자치(도지사, 시장)	식품첨가물제조업	특별자치(도지사, 시장)

  ㉥ 영업의 신고 업종 : 즉석판매제조 · 가공업, 식품운반업, 식품소분판매업, 용기포장류 제조업, 식품냉동 · 냉장업, 일반음식점, 휴게음식점, 위탁급식점, 제과점 영업

ⓧ 영업에 종사하지 못하는 질병

- 결핵(비감염성인 경우 제외)
- 피부병 또는 그 밖의 화농성질환
- 후천성면역결핍증
- 장티푸스, 파라티푸스, 세균성이질, 콜레라, 장출혈성대장균염증, A형간염

◎ 위생교육 시간

유흥주점 유흥종사자	2시간
집단급식소를 설치 운영하는 자	3시간
영업자(식품자판기영업자 제외)	3시간
식품운반업, 보존업, 소분판매업, 용기 · 포장제조업을 하려는 자	4시간
식품접객 영업을 하려는 자	6시간
집단급식소를 설치 · 운영하려는 자	6시간
식품첨가물제조업, 식품제조 · 가공업, 즉석판매제조 · 가공업	8시간

ⓩ 위반 시 행정처벌 : 면허를 대여하는 경우 더 무거운 처벌을 받는다.

위반사항	행정처분		
	1차 위반	2차 위반	3차 위반
식중독이나 위생과 관련한 사고 발생에 중대한 과실이 있는 경우	업무정지 1개월	업무정지 2개월	면허취소
면허를 타인에게 대여한 경우	업무정지 2개월	업무정지 3개월	면허취소
면허정지 기간 중 조리사업무를 한 경우	면허취소		
보수교육을 받지 않은 경우	시정명령	업무정지 15일	업무정지 1개월

ⓒ 허위표시 및 과대광고

- 질병 예방, 치료에 효능이 있다는 내용의 표시나 광고
- 외국어 사용으로 외국제품과 혼돈할 우려가 있는 표시나 광고
- "인증", "보증", "추천" 등 각종 상장을 이용하거나 이와 유사한 내용의 표시나 광고
- 외국과 기술제휴를 한 것으로 혼돈할 우려가 있는 내용의 표시나 광고
- 화학적 합성품을 화학적 합성품이 아닌 것으로 혼돈할 우려가 있는 표시나 광고
- 제조년월일 또는 유통기한을 사실과 다른 내용으로 광고하거나 표시
- 허가 · 신고 또는 보고한 사항과 다르게 수입신고한 내용의 광고나 표시

ⓚ 제조물 책임법 : 제조물 책임법의 정의와 목적 : 제조물 결함으로 발생한 손해에 대한 배상 책임을 규정하고, 피해자 보호와 국민경제의 건전한 발전에 이바지함을 목적으로 한다.

- 제조물 : 제조되거나 가공된 동산(다른 동산이나 부동산의 일부 포함)

- 결함 : 제조물 어느 하나에 해당하는 제조상 · 설계상 · 표시상 그 밖에 기대할 수 있는 안전성이 결여되어 있는 것
  - 제조상 결함 : 제조물이 원래 의도한 설계와 다르게 제조 · 가공되어 안전하지 못한 것
  - 설계상의 결함 : 합리적인 대체설계를 채용하지 않아 제조물이 안전하지 못하게 된 경우
  - 표시상의 결함 : 제품에 대한 설명 · 지시 · 경고 그 밖에 표시를 하지 않아 위험을 줄이지 못한 경우

6 공중보건

① 공중보건의 개념

㉠ 건강의 정의 : 세계보건기구(WHO)에서 "건강은 단순한 질병이나 허약의 부재 상태만이 아니라 육체적, 정신적, 사회적 안녕의 완전한 상태"라고 정의한다.

㉡ 공중보건의 대상 : 공중보건의 대상은 개인이 아닌 지역사회이며, 국민 전체이다.

㉢ 공중보건의 범위 : 감염병 예방학, 환경위생학, 식품위생학, 산업보건학, 모자보건학, 학교보건학

㉣ 보건수준의 평가지표 : 영아사망률은 국가의 보건수준의 지표가 된다.

영아의 정의	신생아의 정의
생후 12개월 미만의 아이	생후 28일 미만의 아기

② 환경위생 및 환경오염의 관리

㉠ 공기의 조성 : 질소 78%>산소 21%>아르곤 0.9%>이산화탄소 0.03%>기타 원소 0.07%

- 자연환경 : 기온, 기습, 기류, 일광, 공기, 기압, 물 등
- 사회환경
  - 인위적 환경 : 공해, 환기, 조명, 냉 · 난방, 상 · 하수도
  - 사회적 환경 : 종교, 정치, 경제 등

자외선	파장이 가장 짧음(2,500~2,800Å)	피부암 유발, 각막손상, 결막염
가시광선	사람에게 색채를 부여함(4,000~7,000Å)	밝기나 명암
적외선	파장이 가장 김(7,800~30,000Å)	일사병, 백내장 유발

ⓛ 조명, 채광

- 인공광을 이용(직접조명, 간접조명, 반간접조명) : 안구진탕증, 백내장, 가성근시, 안정피로
- 태양광선을 이용 : 창의 방향을 남향으로 하는 것이 좋음

ⓒ 정수과정 : 침사 → 침전 → 여과 → 소독 → 급수

- 잔류염소량은 0.2ppm을 유지하고, 수영장이나 감염병이 발생할 때에는 0.4ppm으로 함
- 염소소독의 장점 : 강한 소독력, 잔류효과, 조작의 간편함, 적은 비용으로 소독
- 염소소독의 단점 : 강한 냄새, 독성이 있음

ⓔ 하수처리과정

예비처리	보통침전과정, 약품침전과정(황산알미늄, 염화제1철＋소석회)
본처리	혐기성처리 : 부패조처리법, 임호프탱크처리법, 혐기성소화(메탄발효법) 호기성처리 : 활성오니법, 살수여과법, 산화지법, 회전원판법
오니처리	소화법, 소각법, 퇴비법, 사상건조법

ⓜ 하수의 위생검사 ; BOD와 DO는 반비례 관계이다.

BOD (생화학적산소요구량)	하수의 오염도를 나타낸다. BOD가 높다는 것은 오염도가 높다는 것으로, 20ppm 이하여야 한다.
DO (용존산소량)	물속에 용해되어(녹아 있다) 있는 산소량으로, DO 수치가 낮으면 오염도가 높다는 것이다. 4~5ppm 이상이어야 한다.

③ 역학 및 감염병 관리

- 역학의 정의 : 인간집단에서 발생·존재할 수 있는 질병의 원인을 규명, 예방하는 데 목적이 있다.
- 산업보건 : 작업환경으로 인한 질병을 예방하고, 안전한 근로환경에서 일할 수 있도록 한다.

ⓐ 직업병의 종류

고열환경	일사병, 열경련, 열쇠약	고압환경	잠함병, 감압병
저온환경	참호족염, 동상, 동창	저압환경	고산병, 항공병
조명불량	안구진탕증, 안정피로, 근시, 백내장	분진	진폐증, 규폐증(유리규산), 석면폐증
진동	레이노드병	소음	두통, 수면방해, 식욕감퇴

ⓑ 감염병

- 감염병 발생의 3대 요소

감염원	감염경로	숙주의 감수성
질병을 일으키는 원인	병원체가 이동하는 경로	감수성이 높으면 질병발생률이 높음

• 면역의 종류

선천적 면역		유전적 요인이나 자연적으로 발생하는 면역
후천적 면역	능동면역	• 자연능동면역 : 질병감염 후 획득한 면역 • 인공능동면역 : 예방접종
	수동면역	• 자연수동면역 : 모체로부터 얻은 면역 • 인공수동면역 : 혈청 접종으로 얻은 면역

• 경구감염병(소화기계 감염병)과 세균성 식중독의 차이점

구분	경구감염병(소화기계 감염병) 감염균에 오염된 식품, 음용수 섭취	세균성 식중독 식중독균에 오염된 식품 섭취
감염균의 양	적은 양으로도 감염	많은 양으로 감염
잠복기	김	짧음
2차 감염	있음	없음
면역력	있음	없음

• 인수공통감염병

소	무구조충, 결핵, 탄저	쥐	페스트, 양충병, 발진열, 와일씨병, 서교증
돼지	유구조충, 돈단독, 선모충, 살모넬라, 탄저	원숭이	황열
개	광견병(공수병)	양, 말	탄저
닭	만소니열두조충, 살모넬라	토끼	야토병

• 위생해충에 의한 감염

빈대	재귀열	바퀴	장티푸스, 콜레라, 이질, 소아마비
이/벼룩	발진열, 재귀열	파리	장티푸스, 콜레라, 이질, 파라티푸스, 양충병
모기	말라리아, 일본뇌염, 황열, 뎅기열	진드기	쯔쯔가무시, 재귀열, 유행성출혈열, 양충병

• 잠복기

잠복기가 긴 것	한센병(나병), 결핵(잠복기가 특히 일정하지 않음)
잠복기가 짧은 것	콜레라, 뇌염, 인플루엔자, 파라티푸스, 디프테리아, 이질, 성홍열

ⓒ 모자보건

• 모성사망의 주요 발생원인 : 임신중독증, 출산 전후 출혈, 자궁 외 임신, 산욕열

ⓔ 인구 구성 형태 : 사회구성원의 출생과 사망은 보건관리 등에 영향을 받는다.

피라미드형	인구 증가형(후진국형)	출생률 증가, 사망률 감소형
종형	인구 정체형(가장이상적인형)	출생률과 사망률이 낮음
방추형(항아리형)	인구 감소형(선진국형)	평균수명이 높고, 사망률은 낮음
별형	도시 유입형	생산연령인 청 · 장년층 비율이 높음
표주박형	농촌형	노년층이 많고, 청 · 장년층 비율이 낮음

memo

PART 02 한식 안전관리

01 개인 안전관리

02 장비·도구 안전작업

03 작업환경 안전관리

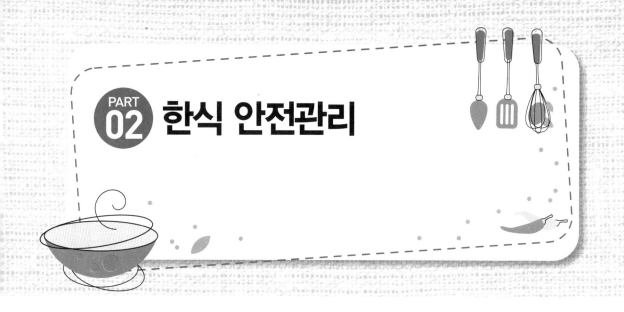

PART 02 한식 안전관리

🍲 ① 개인 안전관리

① 개인안전사고 예방과 사후조치

㉠ 관리책임자는 안전사고를 예방하도록 해야 한다.

㉡ 위험도 경감의 원칙 : 목적(사고 발생의 예방, 피해 심각도 억제), 핵심요소(위험요인 제거, 위험발생 경감, 사고피해 경감), 고려사항(사람, 절차, 장비)

㉢ 안전관리 점검표를 작성하여 재난의 불안전한 상태나 행동 등을 체크한다.

- 재난의 4원인 : 사람, 기계, 매체, 관리
- 안전교육의 목적
    - 안전생활을 위한 습관을 형성한다.
    - 불의의 사고를 예방한다.
    - 인간 생명의 존엄성을 인식시킨다.
    - 일상생활에서의 안전에 대한 지식과 태도 등을 이해시킨다.
- 응급조치
    - 더 이상의 상태 악화를 방지하거나 지연시키기 위한 목적에 있다.
    - 응급상황 시 행동 단계 : 현장조사 → 의료기관에 신고 → 처치 및 도움
    - 응급조치 시 현장에서의 자신의 안전을 먼저 확보한 후 환자에게 자신의 신분을 알린다.

② 작업 안전관리

㉠ 주방 내 안전사고 요인 : 인적요인, 물적 요인, 환경적 요인

㉡ 주방 내 재해 유형 : 절단 · 찔림 · 베임, 화상과 데임, 미끄러짐, 끼임, 전기감전과 누전

ⓒ 안전의식 : 사람의 사망과 상해 또는 재산상 손해에 대한 관심과 의식, 실행의지

ⓔ 안전보호 장비 : 재해 방지와 건강 장해 방지를 위한 목적

ⓜ 주방 내 사고 발생 시에는 작업 중단과 함께 즉시 관리자에게 보고한다.

- 안전사고에 유의해야 할 주방기기
  - 연육기 : 슬라이스 한 고기를 회전칼날에 통과시켜 부드럽게 가공하는 기기
  - 슬라이스 머신 : 덩어리가 큰 것을 얇게 자르는 데 사용되는 기기
  - 골절기 : 톱니 모양으로 된 덩어리의 고기나 뼈를 자를 때 사용되는 기기
  - 분쇄기 : 야채나 양념 등을 분쇄하는 기기
  - 회 탈피기 : 생선이나 오징어 껍질을 분리시키는 기기
  - 믹싱기 : 가루 반죽을 혼합하는 기기

2 장비 · 도구 안전작업

① 장비의 사용용도 외에는 사용하지 않는다.

② 장비와 도구는 사용방법, 기능을 완전히 숙지하고 사용한다.

③ 장비와 도구에 이물질이 들어가지 않도록 주의하고 깨끗이 사용한다.

- 조리장비, 도구의 안전점검
  - 일상점검 : 주방관리자가 매일 점검한다.
  - 정기점검 : 안전관리책임자가 매년 1회 이상 정기적으로 점검한다.
  - 긴급점검 : 관리주체가 필요시 실시한다(손상점검, 특별점검).

3 작업환경 안전관리

① **작업환경관리**

㉠ 작업장의 온도, 환기, 소음 등을 의미한다.

㉡ 근로자에게 장애를 줄 수 있는 유해인자를 알아내고, 측정 · 분석 · 평가하는 데 의의가 있다.

㉢ 근로자의 건강보호와 생산성 향상, 깨끗한 환경 조성을 위한 목적이 있다.

② **작업환경 안전관리**

㉠ 온도 및 습도관리 : 적정온도(겨울 18.3~21.2℃, 여름 20.6~22.8℃), 적정습도(40~60%)

ⓛ 조명과 바닥 : 백열등, 형광등을 사용, 권장조도는 143~161Lux이다.

③ **작업장 내 안전사고 발생원인**

　　㉠ 인적요인 : 바르지 못한 기구와 시설물 이용, 안전지식의 결여

　　ⓛ 환경적 요인 : 노후된 시설, 높은 온도와 습한 환경

④ **작업장 내 안전수칙**

　　㉠ 냉장 · 냉동시설 잠금장치를 확인하며, 가스나 오븐은 사용 전 · 후 전원 상태를 확인한다.

　　ⓛ 짐을 옮길 때 무리하지 않고 주변 충돌을 감시하며, 뜨거운 것은 장갑을 착용한다.

⑤ **화재 예방과 조치 방법**

　　㉠ 경보를 울리고 주위에 알린다.

　　ⓛ 화재의 원인을 제거한다.

　　ⓒ 소화기를 사용하여 소화한다.

PART 03 한식 재료관리

01 식품재료의 성분

02 효소

03 식품과 영양

04 저장관리

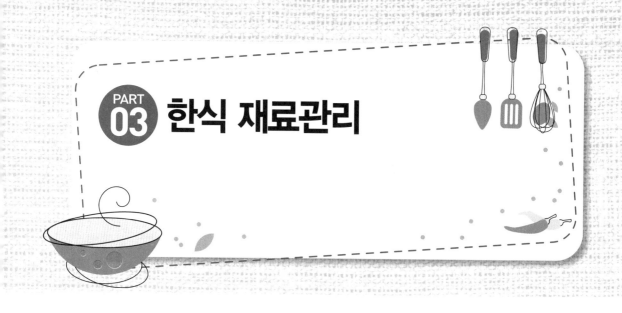

PART 03 한식 재료관리

1 식품재료의 성분

① 수분의 종류

자유수(유리수)	결합수
• 보통의 물(식품 중에 유리 상태의 물) • 식품의 수분 함량의 개념으로 사용 • 수용성 물질을 녹여 용매로 작용 • 미생물 번식에 이용 가능 • 유기물로부터 쉽게 분리 • 0℃ 이하에서 동결, 100℃ 이상에서 증발 • 4℃에서 비중이 가장 큼 • 표면장력이 큼	• 식품 중의 탄수화물, 단백질 분자의 일부분으로 형성 • 수용성 물질을 녹이지 못하므로 용매로 사용이 불가능 • 미생물 번식에 이용 불가능 • 0℃ 이하에서도 얼음으로 동결되지 않음 • 자유수보다는 밀도가 큼

② 수분활성도(Aw)

ㄱ 임의의 온도에서 나타내는 수증기압(P)을 그 온도에서의 순수한 물의 최대 수증기압(P_0)

$$수분활성도(Aw) = \frac{P(식품의\ 수증기압)}{P_0(순수한\ 물의\ 최대\ 수증기압)}$$

ㄴ 순수한 물의 수분 활성(Aw)는 1이다(물 : Aw=1).

ㄷ 일반 성분의 수분 활성(Aw)는 1보다 작다.

ㄹ 미생물과 수분활성도(Aw)

• 수분활성도(Aw)가 큰 식품은 미생물의 번식이 쉬우므로 저장성이 낮다.

• 수분활성도(Aw) 0.6 이하에서는 미생물의 번식이 억제된다.

• 소금, 설탕으로 절임은 수분활성도(Aw)를 낮추게 되어 미생물의 생육을 억제한다.

③ **탄수화물**

 ㉠ 탄수화물(Carbohydrates)의 특성

  • 탄소(C), 수소(H), 산소(O)의 복합체이며, 지방질 및 단백질과 같이 생물체를 구성한다.

  • 소화되는 당질, 소화되지 않는 섬유소로 구분, 대사작용 비타민 B_1이 반드시 필요하다.

  • 과잉섭취 시에는 간과 근육에 글리코겐으로 저장, 나머지는 피하지방으로 저장된다.

 ㉡ 탄수화물의 분류

  • 단당류 : 탄수화물의 가장 간단한 구성단위[(포도당(Glucose), 과당(Fructose), 갈락토오스(Galactose)]

  • 이당류: 단당류가 2개 결합한 당[자당(설탕, 서당, Sucrose), 맥아당(엿당, Maltose), 젖당(유당 Lactose)]

> **※ 당질의 감미도**
> 과당＞전화당＞설탕＞포도당＞맥아당＞갈락토오스＞젖당(유당)

  • 다당류 : 다당류는 10개 이상의 수천 개의 단당류로 구성되어 있음

전분(Starch)	• 아밀로오스와 아밀로펙틴으로 이루어진 형태 • 찹쌀, 찰옥수수의 전분은 아밀로펙틴으로만 구성
글리코겐(Glycogen)	간, 근육, 균류, 효모와 조개류 등에도 들어 있는 동물성 전분
섬유소	소화되지 않는 전분, 영양적 가치는 없지만, 장내에서 비타민 B군 합성
펙틴	감귤류의 껍질에 다량 함유, 겔화되는 성질로 잼이나 젤리를 만듦
한천	• 우뭇가사리의 세포성분이며, 응고력이 강하고 물과 친화력이 강함 • 배변촉진과 변비예방에 도움이 됨

  • 식이섬유

특성	종류	급원식품	생리적 기능
불용성 식이섬유	셀룰로오스, 헤미셀룰로오스, 리그닌	밀, 현미, 호밀, 쌀, 채소, 식물의 줄기	• 분변량 증가 • 장통과 시간 단축
수용성 식이섬유	펙틴, 검, 일부의 헤미셀룰로오스, 뮤실리지	사과, 바나나, 감귤류, 보리, 귀리	• 포도당을 천천히 흡수 • 혈청 콜레스테롤 감소

④ **탄수화물의 기능**

 ㉠ 에너지 생성, 체단백질 보호, 지방의 불완전산화 방지, 혈당 유지

 ㉡ 탄수화물을 섭취 못할 경우 지방이 분해될 때 완전히 산화되지 못하고 케톤체가 만들어져 혈액과 조직에 많이 축적되는 현상이다.

⑤ **지질**

    ㉠ 지질의 특성

- 탄소(C), 수소(H), 산소(O)로 구성된 유기화합물로 인(P), 질소(N), 황(S) 등을 함유한다.
- 지방산과 글리세롤의 결합이다.
- 물에 녹지 않으며, 유기용매(에테르, 벤젠, 클로로포름, 사염화탄소 등)에는 녹는다.
- 상온에서 고체 형태의 지방, 액체 형태의 기름으로 존재한다.

    ㉡ 지질의 분류

- 구성성분에 따른 분류

단순지질	지방산과 글리세롤의 결합물(지방, 왁스)
복합지질	단순지질에 다른 화합물이 결합된 지질(인지질, 당지질)
유도지질	단순지질, 복합지질을 가수분해하여 얻은 물질(콜레스테롤, 에르고스테롤)

- 식품의 급원에 따른 분류

동물성 지방	포화지방산 함량이 높으며, 육류 · 과자류 · 유제품 등에 함유한다.
식물성 지방	불포화지방산의 함량이 높으며, 견과류 · 올리브유 등에 함유한다.

- 지방산의 분류

포화지방산	• 탄소와 탄소 사이에서 이중결합이 없는 지방산 • 융점이 높아 상온에서 고체로 존재
불포화지방산	탄소와 탄소 사이에서 1개 이상의 이중결합이 있는 지방산
필수지방산	• 체내에서 합성이 안 되므로 음식 섭취를 통하여 공급받아야 함 • 결핍증에 필수지방산 : 리놀레산, 리놀렌산, 아라키돈산
트렌스지방산	식물성 기름을 가공식품으로, 만들 때 수소를 첨가하면 생기는 지방산

- 지질의 기능적 성질

수중유적형(O/W)	수분 중에 기름이 분산된 형태(우유, 생크림, 마요네즈 등)
유중수적형(W/O)	기름 중에 물이 분산된 형태(버터, 마가린)
수소화(경화)	액체의 기름에 수소를 첨가하고, 니켈과 백금을 넣어 고체 형태의 기름으로 만드는 것
연화작용	유지를 첨가하여 밀가루 반죽을 하게 되면 지방을 형성하여 전분과 글루텐의 결합을 방해함
가소성	외부의 조건에 유지의 상태가 변했다가 외부의 조건을 복구하여도 유지의 변형상태가 유지하는 성질

⑥ **단백질**

    ㉠ 단백질의 특성

- 탄소(C), 수소(H), 질소(N)를 포함하고 있는 고분자의 유기화합물[황(S), 인(P) 함유]
- 모든 생물의 원형질을 구성하는 중요한 물질이다.

- 단백질은 16%의 질소를 함유하고 있다(단백질을 분해해서 생기는 질소의 양에 6.25를 곱하면 단백질의 양을 알 수가 있음).

> 단백질의 양＝질소의 양×6.25

- 열, 산과 알칼리에 응고되고, 뷰렛에 정색 반응으로 보라색이 된다.

ⓛ 단백질의 분류

- 식품의 급원에 의한 분류

동물성 단백질	난류 단백질, 우유 단백질, 어류 단백질
식물성 단백질	곡류 단백질, 콩류 단백질

- 성분에 의한 분류

단순 단백질	아미노산으로만 구성된 단백질
복합 단백질	단순 단백질과 비단백질 성분으로 구성
유도 단백질	열에 의해 변성된 단순 · 복합 단백질. 산 · 알칼리 등의 작용으로 변성

- 구조적 특징에 의한 분류

섬유상 단백질	보통 용매에 녹지 않으며, 콜라겐 · 엘라스틴 · 케라틴이 있음
구상 단백질	산, 알칼리, 염류 용액, 유기용매 등에 녹는 영양성 단백질

- 영양학적 분류 : 필수아미노산은 체내에서 합성이 불가능하므로 음식물 섭취를 통해 얻어지는 아미노산

성인에게 필요한 필수아미노산 8가지	성장기 어린이나 회복기 환자에게 필요한 필수아미노산 10가지
트레오닌, 발린, 트립토판, 아이소류신, 류신, 리신, 메티오닌, 페닐알라닌	성인에게 필요한 필수아미노산 8가지에 아르기닌, 히스티딘 추가

- 완전 단백질 : 필수아미노산이 골고루 들어 있는 단백질이며, 달걀흰자에 알부민, 우유에 카제인이 있다.
- 부분적 불완전 단백질 : 필수아미노산을 모두 함유하나 그중 하나 또는 그 이상의 아미노산 함량이 필요한 만큼이 없는 단백질이다.
- 불완전 단백질 : 하나 또는 그 이상의 필수아미노산이 결여된 단백질이거나 생물가가 낮은 단백질이며, 불안전 단백질만의 섭취로는 동물의 성장, 생명유지가 어렵다.

ⓒ 단백질의 기능

- 성장 및 체조직의 구성 물질로 혈장 단백질, 피부, 효소, 항체와 호르몬을 구성한다.
- 1g당 4kcal의 에너지를 발생, 전체 에너지 섭취량의 15%를 공급한다.
- 체내의 수분 함량을 조절, pH를 조절한다.

- 필수아미노산인 트립토판으로부터 나이아신을 합성한다.

- 결핍증으로는 부종, 성장장애, 빈혈, 피로감이 있다.

⑦ **무기질**

탄소, 수소, 산소, 질소 등 인체를 구성하는 유기 성분을 제외한 나머지 원소이다.

㉠ 무기질의 특성 : 인체의 4~5%를 차지하며 우리 몸을 구성하는 성분이다.

다량원소	1일 100mg 이상 필요(칼슘, 인, 칼륨, 황, 나트륨, 염소, 마그네슘 등)
미량원소	하루 10mg 이하 필요(철, 아연, 구리, 망간, 요오드, 코발트, 불소 등)

- 체액의 pH와 삼투압을 조절한다.

- 신경의 자극 전달, 근육 수축, 혈액 응고 등에 관여한다.

㉡ 무기질의 종류

- 칼슘(Ca)의 99%는 골격, 치아를 구성하고, 1%는 혈액과 연 조직에서 대사조절에 관여하며, 신경자극전달, 근육 수축과 효소활성화 기능을 한다.

인(P)	골격과 치아의 발육이 불량하고, 성장의 정지와 골연화증, 구루병
철분(Fe)	• 결핍증 : 철분 결핍성 빈혈과 식욕부진 • 과잉증 : 혈색소증
마그네슘	신경과 근육 경련, 간의 장애, 골연화증, 구토, 설사
나트륨, 칼륨, 염소	고혈압, 부종, 심장병을 유발
황	손톱, 발톱, 모발의 발육부진, 공급원으로는 단백질 식품이 있음
불소	• 결핍증 : 우치(충치) • 과잉증 : 반상치(이빨이 검어짐), 골경화증, 빈혈
요오드	갑상선종과 크레틴병(발육정지)
코발트	간에 저장되며, 비타민 B_{12}의 구성성분이고, 헤모글로빈의 생성에 필요
아연	• 결핍증 : 면역기능의 저하와 상처회복을 지연시킴 • 과잉증 : 설사와 구토
구리	• 결핍증 : 빈혈 • 과잉증 : 적혈구 파괴로 빈혈, 간 손상, 메스꺼움, 구토증상
망간	• 결핍증 : 성장지연, 골격이상, 세포 구성체의 구조적 이상, 지질·탄수화물 대사이상 • 과잉증 : 신경계장애, 면역기능장애, 췌장염과 간 손상

㉢ 무기질의 일반적인 기능

- 체액의 pH와 삼투압조절, 신경의 자극전달, 근육 수축과 혈액 응고 등에 관여한다.

- 생리적 반응에 촉매제로 이용되며, 뼈·치아·머리카락·손톱과 혈액의 구성성분이 된다.

⑧ **비타민**

㉠ 비타민의 기능 : 대사작용 조절 물질로서 보조효소 역할을 하며, 여러 가지 결핍증을 예방·방지한다.

ⓛ 비타민의 특징

- 인체에 꼭 필요한 물질이지만 미량만 필요로 하며, 에너지원과 신체구성물질로는 사용을 하지 않는다.
- 대부분은 체내에서 합성되지 않아 음식으로 섭취하여 공급해야 하며, 기름에 녹는 지용성 비타민과 물에 녹는 수용성 비타민으로 나눈다.

ⓒ 지용성 비타민과 수용성 비타민의 비교

구분	지용성 비타민	수용성 비타민
종류	비타민 A, D, E, K, F	비타민 B_1, B_2, B_6, B_{12}, 비타민 C, 비타민 P
특징	기름과 함께 섭취할 때 흡수율 증가	물에 용해가 잘 됨
과잉 섭취	체내에 저장되어 과잉증, 독성이 있음	필요한 만큼 사용되고, 나머지는 배출
결핍증	서서히 나타남	즉시 나타남
1일 섭취량	간이나 지방조직에 저장	매일 필요한 양만큼 섭취
손실	조리 시 손실이 적음	열과 알칼리성 물질에 쉽게 파괴됨

- 수용성 비타민과 결핍증

종류	결핍증	급원식품
비타민 B_1	각기병	곡류의 배아, 돼지고기 – 탄수화물 대사 보조효소
비타민 B_2	구순 구각염	우유, 간, 고기 – 성장촉진, 피부점막 보호작용
비타민 B_6	피부염	간 효모, 배아 – 항피부염 인자, 단백질 대사작용
비타민 B_{12}	악성빈혈	살코기, 선지 – 성장촉진, 조혈작용, 코발트(Co) 함유
비타민 C	괴혈병	신선한 채소, 과일 – 조리 시 가장 많이 손실
나이아신	펠라그라(피부병)	닭고기, 생선, 유제품 – 탄수화물 대사작용 증진

- 지용성 비타민과 결핍증

종류	결핍증	급원식품
비타민 A	야맹증, 안구건조증	간, 난황, 버터, 시금치, 당근 – 눈의 작용 개선
비타민 D	구루병	건조식품(말린 생선, 버섯류) – 칼슘과 인 흡수촉진
비타민 E	노화촉진, 불임증	노화촉진, 불임증 – 황산화작용, α-토코페롤
비타민 K	혈액응고지연	녹색채소, 토마토, 콩, 달걀 – 혈액응고에 관여

- 무기질과 결핍증

종류	결핍증	급원식품
칼슘	골다공증, 치아불량	우유, 유제품, 멸치 – 비타민 D와 함께 섭취
불소	• 과잉 : 반상치 • 결핍 : 우치(충치)	해조류 – 골격과 치아를 단단하게 함
요오드	• 과잉 : 갑상선 기능항진증 • 결핍 : 갑상선종, 발육정지	해조류, 미역, 다시마 – 갑상선호르몬 구성

⑨ 식품의 색과 향미

식품의 색은 식물성 색소와 동물성 색소로 나눌 수 있고, 신선도를 결정하는 척도가 된다.

㉠ 식물성 색소

- 클로로필
  - 마그네슘을 함유, 광합성에 중요한 색소이며 물에 녹지 않고, 유기용매에는 잘 녹음
  - 산성(식초물)에서 녹갈색(페오피틴)으로 변함
  - 알칼리성(소다)에서 진한 녹색(클로로필린)을 유지, 비타민 C 등이 파괴, 조직이 연화됨
  - 효소(클로로필라아제)에서 선명한 초록색(클로로필라이드)이 됨
  - 금속이온(구리, 철)에서 선명한 초록색(메 완두콩 가공 시 황산구리 첨가 → 선명한 초록색)

- 카로티노이드
  - 식물성, 동물성 식품에 함유되어 있는 황색, 주황색, 적색의 색소이며, 빛에 민감함
  - 물에서는 녹지 않고 기름에는 잘 녹는 프로비타민 A의 기능이 있으며, 산·알칼리에 거의 변화가 없고 열에 안정적이므로 조리 중 성분의 손실이 거의 없음

- 플라보노이드 : 식물에 많이 함유되어 있는 황색 계통의 수용성 색소로, 밀가루와 양파 등에 함유되어 있음

- 안토잔틴 : 식물의 뿌리, 줄기, 잎 등에 포함(연근, 우엉, 감자, 양배추 등)된 수용성 색소

산성	백색	연근, 우엉을 식초로 삶으면 흰색을 띤다.
알칼리성	황색	밀가루 반죽에 소다를 넣으면 플라보노이드 색소로 인해 황색을 띤다.
철	암갈색	감자를 철로 된 칼로 자를 경우 암갈색을 띤다.
가열	노란색	감자, 양파, 양배추를 가열하면 노란색을 띤다.

- 안토시아닌 : 적색, 자색, 청색의 채소와 과일에 있는 수용성 색소

산성	적색	생강을 식초로 절이게 되면 붉은색으로 된다.
중성	자색	가지를 삶을 때 백반을 첨가하면 보라색 유지된다.
알칼리성	청색	철 등의 금속과 결합하면 청색이 유지된다.

㉡ 동물성 색소

미오글로빈	• 가축의 연령이 많고 활동이 많을수록 고기의 색깔이 변함(적자색) • 미오글로빈＋열＝갈색 또는 회색의 매트 미오글로빈
헤모글로빈	혈액 색소이며 철(Fe)이 함유되어 있고, 가공 시 질산칼륨이나 아질산칼륨을 첨가하면 선홍색이 유지됨
아스타산틴	피조개의 붉은 살, 새우, 게, 가재에 포함되어 있는 흑색, 청록색 색소이며, 가열과 부패로 인해 아스타신(Astacin)이 붉은색으로 변함

헤모시아닌	문어나 오징어 등의 연체류에 존재하는 파란색 색소이며, 익혔을 때 적자색으로 변함
멜라닌	문어, 오징어 먹물에 존재하는 색소

ⓒ 식품의 냄새 : 쾌감을 주는 냄새는 향(香), 불쾌감을 주는 냄새는 취(臭)라고 한다.

- 식물성 식품의 냄새

  - 알코올 및 알데히드류 : 주류, 감자, 복숭아, 오이, 계피

  - 에스테르류 : 과일

  - 테르펜류 : 녹차, 찻잎, 레몬, 오렌지

  - 황화합물 : 마늘, 양파, 무, 고추, 부추, 고추냉이

- 동물성 식품의 냄새

  - 휘발성 아민류, 암모니아 : 육류, 어류

  - 지방산류 : 유제품

  - 카르보닐 화합물 : 고기 굽는 냄새

⑩ **식품의 변질과 갈변**

ⓐ 변질의 주원인은 미생물의 번식, 식품 자체의 효소작용, 공기의 산화로 인한 비타민 파괴 및 지방 산패가 있다.

ⓑ 육류의 부패 : 사후경직(사후강직) → 자가소화(숙성) → 부패 순으로 진행한다.

닭고기	6~12시간
돼지고기	12~24시간
소고기	24~36시간

- 자가소화(숙성) : 근육의 연화, 즙액의 증가, 정미 성분의 증가가 된다. → 근육 내의 단백질 분해 효소에 의해서 근육 단백질이 분해되는 것이다.
- 부패 : 숙성 후 미생물에 의해 단백질 식품이 혐기성 미생물의 작용으로 변질되는 현상 → 암모니아, 인돌, 페놀, 황화수소, 히스타민과 트리메틸아민 등이 형성된다(※ 양파는 살균력과 해독력으로 육류의 부패를 방지함).

ⓒ 식품의 갈변 : 식품의 갈변은 조리, 가공, 저장에 의하여 식품 성분들 사이의 반응, 효소 반응, 산화 등으로 갈색으로 변하거나 색이 진해지는 현상이다.

- 효소에 의한 갈변

  - 과일류를 자르거나 껍질을 벗길 때

  - 기질의 제거 : 구리나 철로 된 용기, 기구의 사용을 금함

- 비효소에 의한 갈변
  - 마이야르 반응 : 아미노카르보닐기가 공존할 때 일어나는 반응(예 간장, 된장, 식빵, 누룽지)
  - 캐러멜화 반응 : 당류를 고온으로 가열할 때 산화 및 분해 산물에 의한 중합 · 축합 반응 현상
  - 아스코르브산의 산화반응 : 비가역적으로 산화된 아스코르빈산이 항산화제로의 기능을 상실
  - 갈색화 반응을 수반(감귤류를 갈아 만든 오렌지주스 등)

⑪ 식품의 맛과 냄새

ㄱ 식품의 맛(맛을 느끼는 순서 : 단맛 → 짠맛 → 신맛 → 쓴맛)

맛의 대비현상(강화)	호박죽에 약간의 소금을 넣어주면 단맛이 더 강하게 느껴지는 것
맛의 상승현상	꿀에 설탕을 넣어주면 단맛이 더 강해지는 것
맛의 억제현상(억제)	커피의 쓴맛을 설탕을 첨가하여 쓴맛을 억제하는 것
맛의 변조현상	• 쓴 약을 먹은 후 물을 마시면 물맛이 달게 느껴지는 것 • 오징어를 먹은 후에 귤을 먹게 되면 쓴맛을 느낌
맛의 상쇄현상	된장의 짠맛이 감칠맛과 상쇄되어서 짠맛이 약해지는 것
맛의 피로현상	황산마그네슘은 처음에 쓰게 느끼지만, 시간이 지나면 약간의 단맛이 느껴지는 것

ㄴ 기타 유독물질
- 청매실(덜 익은 매실), 살구씨, 복숭아씨 : 아미그달린
- 미나리 : 시큐톡신
- 피마자 : 리신
- 독보리 : 테무린

ㄷ 식품의 특수 성분

식품	성분	식품	성분	식품	성분
생선비린내	트리메틸아민	생강	진저론, 쇼가올	겨자	시니그린
후추	캐비신	마늘	알리신	고추	캡사이신
와사비	알릴이소티오시아네이트	참기름	세사몰	홍어	암모니아
울금	커큐민	맥주	후물론	산초	산쇼올

ㄹ 식품의 물성

기포성	액체에 기체가 분산된 것
점성	액체가 흐를 수 있는지 없는지를 나타내는 성질
탄성	변형에서부터 본래의 상태로 돌아가려는 성질(젤리류)
가소성	원래 상태로 돌아가지 않는 성질(마가린, 버터, 생크림 등)
점탄성	점성과 탄성의 상태(밀가루 반죽, 껌)

2 효소

① **효소의 이용**

 ㉠ 식품 중에 함유되어있는 효소 : 육류, 치즈, 된장의 숙성

 ㉡ 효소 작용을 억제하는 것 : 효소 작용을 억제하여 신선도를 위한 변화의 방지

 ㉢ 효소를 식품에 첨가 : 육류의 연화를 위해 프로테아제, 과즙, 펙틴 분해효소를 첨가

 ㉣ 효소를 이용 식품 : 전분을 포도당으로, 효소 반응은 글루타민산, 아스파틱산을 제조

 ※ 효소의 반응에 미치는 인자 : 온도, 수소이온농도, 효소 농도, 기질 농도, 저해제가 있다.

효소	최적 pH
펩신	pH 1~2
트립신	pH 7~8
사상균의 α-아밀라아제	pH 4.5~4.8
세균 및 동물의 α-아밀라아제	pH 6 ~7

② **소화와 흡수**

 ㉠ 소화의 개념 : 섭취한 음식물이 소화기관을 통하여 세포에 흡수되기 쉬운 영양소의 상태로 변화하는 것

 ㉡ 소화의 구분

  • 기계적 소화 : 씹는 운동(저작운동)

  • 화학적 소화 : 침, 위액, 췌장액, 장액에 의해서 작은 단위로 가수분해 되는 과정

 ㉢ 소화 작용 및 효소(화학적 소화)

  • 입에서의 소화 : 치아(저작), 혀(혼합)의 기계적 소화와 침 속의 프티알린에 의한 소화

  • 위에서의 소화 : 연동, 분절운동인 기계적 소화와 위액의 펩신, 리파아제, 레닌으로 소화

펩신	리파아제	레닌
단백질 → 폴리펩티드	지방 → 지방산, 글리세롤	우유의 카제인 → 응고

  • 소장에서의 소화 : 분절운동으로 섭취된 음식물과 소화액이 섞이며 소화

  • 이자(췌장)에서 분비되는 소화 효소 및 작용

아밀롭신	스테압신	리파아제	트립신
전분 → 맥아당과 포도당	지방 → 지방산과 글리세롤	지방 → 지방산과 글리세롤	폴리펩티드 → 디펩티드 (아미노산 2개가 결합)

• 소장에서 분비되는 소화효소 및 작용

슈크라아제	말타아제	락타아제	디펩티다아제
서당(설탕) → 포도당과 과당	말토오즈 → 포도당과 포도당	락토오즈 → 포도당과 갈락토오스	디펩티드 → 아미노산과 아미노산

• 담즙(쓸개즙) : 담즙은 간에서 만들어지며, 쓸개에 저장·분비되며, 지방의 유화 작용(인체 내 해독 작용, 산의 중화 작용 등을 하지만 효소는 아님)

ㄹ 흡수
• 소장(작은창자)에서의 흡수 : 소화된 영양소가 소장 내벽 융털을 통해 흡수
• 대장(큰창자)에서의 흡수 : 수분과 나트륨과 같은 염분이 흡수

3 식품과 영양

① 영양소의 기능과 영양소 섭취 기준

ㄱ 영양소의 기능 : 인간의 생명유지, 활동과 성장을 위해 생물체의 외부에서 받아들여야 하는 화합물

ㄴ 6대 영양소의 분류와 기능
• 3대 열량 영양소 : 생명유지, 활동, 성장에 필요한 에너지를 공급하는 영양소(단백질, 탄수화물, 지방)
• 구성 영양소: 인체를 구성하는 영양소로 비타민, 무기질, 물이 있음
• 조절 영양소: 생리기능을 조절하는 영양소로 단백질, 비타민, 무기질, 물이 있음
• 기초식품군 : 균형적인 식생활을 위해서 반드시 섭취해야 하는 식품들로 식품에 함유되어 있는 주요 영양소

ㄷ 식품 구성 자전거의 특징
• 균형 잡힌 식사 : 균형 잡힌 식사란 우리 몸에서 필요한 영양소의 종류와 양을 충족하는 식사를 말하며 하루에 먹어야 하는 균형 잡힌 식사 계획을 식품 구성 자전거로 표현하고 있다.
• 비율 : 곡류>채소류>고기, 생선, 달걀, 콩류>우유, 유제품>과일류>유지, 당류

ㄹ 영양 섭취의 기준 : 질병이 없고 건강을 최적 상태로 유지, 질병 예방에 필요한 영양소 섭취 수준을 말한다.
• 평균 필요량 : 건강한 인구집단의 평균적인 섭취량, 인구집단 50%에 해당하는 사람들의 영양필요량을 충족하는 수준을 의미한다.

- 권장 섭취량 : 통계적으로 집단의 97.5%의 영양필요량을 충족하는 수준을 의미한다(권장 섭취량=평균 필요량+표준편차의 2배).
- 충분 섭취량 : 건강한 인구집단의 섭취량을 추정 또는 관찰하여 정한 값이다.
- 상한 섭취량 : 다량 섭취 시 독성을 일으킬 가능성이 있는 영양소를 대상으로 설정하였다.

② **대치(대체) 식품량**=원래 식품 함량×원래 식품량/대치 식품 함량

④ 저장관리

① **냉장, 냉동의 구분**
- 냉장 : 0~10℃의 온도로 보존하는 것
- 냉동 : 0℃ 이하로 동결, 보존하는 것

㉠ 냉장 저장
- 육류가공품 : 소시지, 햄, 베이컨
- 어육제품, 어육가공품 : 탄력 있고 표면에 이물질이 없으며, 특유 풍미가 있는 것이 좋다.
- 알류(달걀) : 표면이 까칠하고 무게감이 있으며, 흔들었을 때 소리가 나지 않아야 좋다.
- 채소류
  - 감자 : 싹이 없고 모양이 고르며, 껍질이 깨끗한 것
  - 토란 : 잘랐을 때 점액질이 많은 것
  - 오이 : 굵기가 고르고 표면에 가시가 많은 것
- 과일류
  - 사과 : 붉은색이 고르며, 반점이나 해충이 없고 향이 있는 것
  - 배 : 껍질이 얇고 매끄러우면서 짙은 황색이며, 꼭지가 깊은 것
  - 포도 : 겉 부분에 분이 많고, 싱싱한 줄기와 껍질이 얇으면서 고유의 향이 있는 것
- 우유 및 유제품류 : 유통기한, 제조일자를 확인하고 밀폐되어 있는 것

㉡ 냉동 저장
- 0℃에서도 미생물의 발육이 가능하며, 장기간 보관 시 냉해·탈수·변화가 일어날 수 있다(미생물 번식억제, 품질저하 방지를 위해 식품의 종류 및 특성에 따라 –23~–18℃에서 냉동)
- 어는점 : 식품의 내부에 얼음 결정이 생성되기 시작하는 온도로, 얼기 시작하는 온도이다.

- 순수한 물의 어는점은 0℃, 식품은 0℃ 이하이다.

- 식품의 어는점은 염이나 당의 함량이 높을수록 낮다.

- 어류의 경우 담수어(민물생선)가 -0.5℃, 해수어(바다생선)가 -2.0℃로 낮다.

ⓒ 창고 저장

- 실온에서 보관 가능한 곡류, 근채류, 건조식품류와 캔류가 있다.

- 직사광선이 없으며, 통풍이 잘 되고 온도와 습도의 관리가 중요하다.

PART 04 한식 구매관리

01 구매관리 및 계획

02 검수관리

03 원가

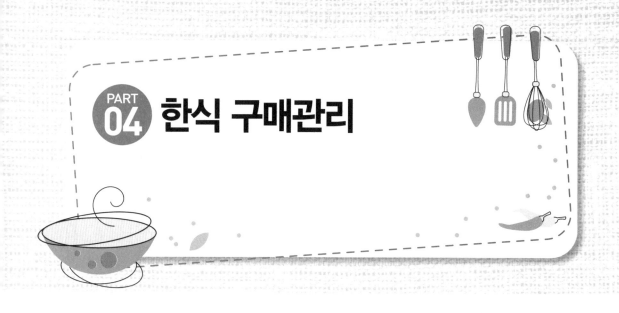

PART 04 한식 구매관리

① 구매관리 및 계획

① 구매관리의 목표와 계획수립

　㉠ 필요한 물품과 용역의 지속적 공급, 품질, 가격, 제반서비스 사항을 최적의 상태로 유지

　㉡ 재고와 저장관리 시 손실의 최소화, 공급업체와 원만한 관계유지 및 경쟁력 확보

　㉢ 표준화, 전문화, 단순화 체계 확보

② 구매계획수립

　㉠ 구매물품의 재고조사, 생산 및 판매계획, 구매 관련 정보조사

　㉡ 구매물품의 가격, 공급업체, 거래조건, 물가 조사, 급식 조직 내 저장능력 및 활용도 검토

　㉢ 수송수단, 유통구조, 비용조사, 구매 물품 및 공급처 이력확인

③ 구매유형

　㉠ 수의계약 : 경쟁을 붙이지 않고 계약을 이행할 자격을 가진 업체와 계약을 체결하는 방법

　㉡ 경쟁입찰계약 : 자격을 갖춘 업체로부터 유리한 내용을 표시하거나 계약조건의 최저입찰가격을 제시한 낙찰자를 정하여 계약을 체결하는 방법으로 공식적 구매방법이며, 공평함

④ 발주량 산출법

　㉠ 총발주량 $= \dfrac{\text{정미량}}{(100-\text{폐기율})} \times 100 \times \text{인원수}$

　㉡ 필요비용 $= \text{필요량} \times \dfrac{100}{\text{가식부율}} \times 1\text{kg당 단가}$

　㉢ 출고계수량 $= \dfrac{100}{(100-\text{폐기율})} = \dfrac{100}{\text{가식부율}}$

ㄹ 폐기율 $= \dfrac{\text{폐기량}}{\text{전체중량}} \times 100 = 100 - \text{가식부율}$

ㅁ 폐기율 순서 : 곡류 · 두류 · 해조류<달걀<서류<채소류 · 과일류<육류<어패류

② 검수관리

발주에 따른 구매 물품과 배달 물품이 일치하는지 확인하고 검사하고 관리하는 과정이다. 주문한 식품의 품질, 무게, 원산지 등을 확인, 유통기한과 포장 상태, 위생 상태를 확인한다.

① 검수의 구비 조건
ㄱ 검수 담당자는 식품의 품질을 판단할 수 있는 지식, 능력, 기술을 갖추어야 한다.
ㄴ 검수구역은 배달구역 입구, 냉장고, 냉동고, 건조창고 등과 인접한 장소이다.

② 검수업무수행 조건
ㄱ 물품검사에 적절한 조명시설로 조도 540Lux를 갖추어야 한다.
ㄴ 물건과 사람이 이동할 수 있는 충분한 공간을 갖추어야 한다.
ㄷ 검수장소는 공급업체가 물품을 배달하기 쉽고 저장시설 또는 전처리장과 가까워야 한다.
ㄹ 물품검사를 위한 검수대 높이는 바닥에서 60cm 이상이 바람직하다.

③ 원가

① 원가의 3요소
ㄱ 재료비 : 제품의 제조 시 소비되는 물품의 원가(단체급식에서의 재료비, 급식재료비)
ㄴ 노무비 : 제품의 제조에 소비되는 노동의 가치(임금, 급료, 수당, 상여금, 퇴직금)
ㄷ 경비 : 제품의 제조를 위해 소비되는 재료비, 노무비 이외의 전력비, 수도광열비, 보험료, 감가상각비 등 다수의 비용으로 구분

② 원가 구성
ㄱ 직접원가 : 직접재료비＋직접노무비＋직접경비
ㄴ 제조원가 : 직접원가＋제조간접비(간접재료비＋간접노무비＋간접경비)
ㄷ 총원가 : 판매관리비＋제조원가
ㄹ 판매원가 : 총원가＋이익

③ **재료비 계산**

　㉠ 재료 소비량 계산 : 계속기록법, 재고조사법, 역계산법

　㉡ 재료 소비가격의 계산 : 개별법, 선입선출법, 후입선출법, 단순평균법, 이동평균법

④ **원가분석**

　㉠ 손익분기점 : 수익과 총비용(고정비＋변동비)이 일치하는 점을 말한다.

　㉡ 감가상각 : 고정자산(토지, 건물, 기계 등)을 사용과 시일의 경과에 따라 가치가 감가된다.

　　• 정액법 : 고정자산의 감가총액을 내용연수로 균등 할당하는 방법

$$매년의\ 감가\ 상각액 = \frac{기초가격 - 잔존가격}{내용연수}$$

　　• 정률법 : 기초가격에서 감가상각비 누계를 차감한 미상각액에 대하여 매년 일정률을 곱하여 산출한 금액을 상각하는 방법

PART 05 한식 기초 조리실무

01 조리 준비

02 식품의 조리원리

03 축산물의 조리 및 가공·저장

04 수산물의 조리 및 가공·저장

05 유지 및 유지가공품

06 냉동식품의 조리

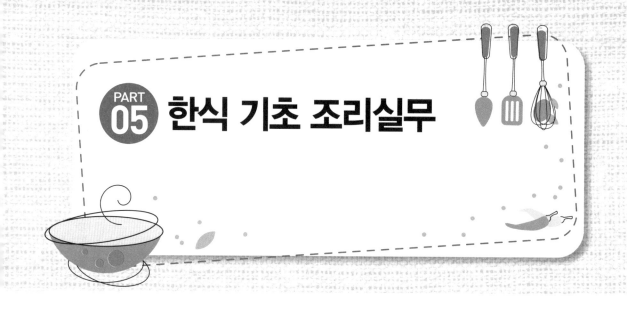

PART 05 한식 기초 조리실무

① 조리 준비

① **조리의 정의** : 식품을 위생적으로 처리한 후 물리적 · 화학적 조작을 가하여 소화되기 쉽도록 하고, 풍미를 향상시켜 식욕이 나도록 만드는 과정을 말한다.

② **조리의 목적**

    ㉠ 영양성 : 식품에 함유된 영양가를 최대한 보유하고, 소화율을 높여 영양효율을 증가시킨다.

    ㉡ 기호성 : 식품이 가지고 있는 맛, 질감, 외관을 좋게 하여 식욕을 돋게 한다.

    ㉢ 안전성 : 위해 성분을 제거하여 안전한 음식을 만든다.

    ㉣ 저장성 : 적절한 조리조작을 가하여 저장 기간을 늘린다.

③ **한식 기본 조리법 및 대량 조리기술**

    ㉠ 기계적 조리 : 씻기, 썰기, 담그기, 갈기, 다지기, 치대기, 무치기, 내리기, 담기 등 조리 조작

    ㉡ 비가열 조리 : 식재료에 열을 가하지 않고 생것으로 먹기 위한 조리방법(위생적 취급 필요)

    ㉢ 화학적 조리 : 효소, 알코올, 알칼리 물질, 금속염(된장, 빵, 술은 조리 조작을 병용함)

    ㉣ 전자레인지에 의한 조리 : 초단파(전자파) 요리로 금속기구 사용금지

    ㉤ 가열적 조리 : 습열조리(삶기, 끓이기, 찌기, 데치기), 건열조리(볶기, 굽기, 튀기기 등)

    ㉥ 한식의 기본양념

한식의 다섯 가지 기본 맛(오미)	
짠맛, 함(鹹)	소금, 간장, 된장, 젓갈
단맛, 감(甘)	설탕, 꿀, 조청, 과당, 포도당, 물엿
신맛, 산(酸)	식초, 감귤류의 즙, 과일초
매운맛, 신(辛)	고추, 겨자, 산초, 후추, 파, 마늘, 생강
쓴맛, 고(苦)	생강

④ **식재료 계량 방법**

　　㉠ 액체 : 원하는 선까지 부은 다음 눈높이를 맞추어 눈금을 읽는다.

　　㉡ 지방 : 버터, 마가린, 쇼트닝 등의 고형 지방은 실온에서 부드러워졌을 때 스푼이나 컵에 꾹 꾹 눌러 담은 후 윗면을 평평한 것으로 깎아 수평이 되도록 하여 계량한다.

　　㉢ 설탕 : 흑설탕은 입자의 표면이 끈끈하게 서로 붙어 있으므로 손으로 꾹꾹 눌러 담은 후 평 평한 도구를 사용하여 깎아 계량하고, 설탕은 계량 용기에 충분히 채워 담아 위를 평평하게 깎아 계량한다.

　　㉣ 밀가루 : 계량하기 전에 체에 쳐서 누르지 말고 수북하게 부어 담아 스파튤라(Spatula)로 평 면을 수평으로 깎아 계량한다.

　　㉤ 양념류 : 고추장, 된장 등 식품은 계량컵에 담아 꾹꾹 눌러 담고 평평한 것으로 고르게 평면 이 되도록 깎아서 계량한다.

⑤ **조리장 시설 및 설비 관리**

　　㉠ 조리장 시설 : 조리장의 3원칙(위생 → 능률 → 경제 순)을 고려

　　　• 조리장의 위치

　　　　– 채광과 통풍이 좋으며, 급·배수가 잘 되고, 악취·분진·소음이 없이 위생적이어야 한다.

　　　　– 음식을 운반하기 쉽고 종사자의 출입이 편리한 곳이어야 한다.

　　　　– 사고 발생 시 대피하기 쉬우며, 객실과 객석의 구분이 명확해야 한다.

　　㉡ 조리장의 면적

　　　• 조리장의 면적은 식당 면적의 1/3, 식당면적은 취식자 1인당 1m²

　　　• 일반급식소는 0.1m²/L이고, 사업소 급식은 0.2m²/L이 기본

　　㉢ 조리장의 설비 및 관리

　　　• 작업대 : 높이는 신장의 52%(80~85cm), 너비는 55~60cm가 적당

　　　※ 작업대 배치 순서 : 준비대 → 개수대 → 조리대 → 가열대 → 배선대

　　　• 조명시설 : 객석 30Lux(유흥음식점 10Lux), 단란주점 30Lux, 조리실 50Lux 이상이 적당

② 식품의 조리원리

① **조리원리**

　　㉠ 전도 : 직접적으로 열을 가하여 열원이 다른 곳으로 전달하는 원리를 이용함(프라이팬)

　　㉡ 대류 : 열의 흐름이 순환하는 원리로 자연대류와 강제 대류(오븐조리)를 이용함

ⓒ 방사 : 재료에 물리적인 접촉이 없이 빛을 이용해 식품을 조리함(적외선, 초단파 오븐)

② **전분의 호화(전분의 α화)** : 날전분(β전분)에 물을 넣고 열을 가하면 전분입자가 크게 팽창하여 점성이 생겨 반투명의 콜로이드 상태인 익힌 전분(α전분)으로 되는 현상을 말함

> **※ 전분의 호화에 영향을 주는 요소**
> - 전분의 입자가 클수록 호화가 빠름 → 고구마, 감자가 곡류보다 입자가 커서 호화가 잘 됨
> - 가열온도가 높을수록 호화가 빠름 → 단시간에 호화
> - 수침시간이 길수록 호화가 빠름 → 호화되기 쉽고 균일한 질감을 얻음
> - pH가 알칼리일수록 호화가 빠름 → 산에서는 호화가 잘 안 됨
> - 가열 시 물의 양이 많을수록 호화가 빠름 → 죽이 밥보다 호화가 빠름
> - 소금, 산 첨가 시 호화가 → 낮아짐
> - 전분의 종류 : 아밀로펙틴(찹쌀)이 아밀로오스(맵쌀)보다 호화되기 어려움

③ **전분의 노화(전분의 β화)** : 호화된 전분을 상온이나 냉장고에 방치하면 분자구조가 다시 생전분의 구조와 같은 물질로 변하는 현상

  ㉠ 노화를 촉진하는 방법
  - 온도 0~5℃ → 냉장고 보관은 노화를 촉진하니 냉동 보관함
  - 수분의 함량 30~60% → 불린쌀(수분 20~30%), 갓 지은 밥(수분 60~65%)
  - 아밀로오스의 함량 많을수록 → 맵쌀이 호화도 빠르고, 노화도 빠름

  ㉡ 노화를 억제하는 방법
  - 유화제 첨가
  - 설탕(탈수제역할) 다량 함유
  - 수분의 함량 : 15% 이하 또는 60% 이상
  - 온도 : 0℃ 이하로 급속냉동 혹은 80℃ 이상으로 급속건조

④ **전분의 호정화(덱스트린화)** : 날전분(β전분)에 물을 가하지 않고 160~170℃의 열을 가하여 익은 상태의 전분(α전분)[누룽지, 뻥튀기, 토스트, 미숫가루, 밀가루 볶을 때(Roux) 등]

⑤ **전분의 당화** : 전분을 당화효소나 산을 이용해 가수분해하여 단맛의 증가를 얻는 과정(식혜, 조청, 물엿)

⑥ **밀가루**

종류	글루텐 함량	용도
강력분	13% 이상	식빵, 파스타, 마카로니, 피자 등
중력분	10~13%	국수류(면류), 만두피 등 다목적용
박력분	10% 이하	튀김옷, 케이크, 파이, 과자 등

※ 글루텐 형성에 영향을 주는 요인

지방	글루텐 형성 방해, 제품의 연화(쇼트닝) 작용
설탕	글루텐 형성 방해, 점탄성 약화, 가열 시 캐러멜화 반응으로 갈변현상
소금	글루텐의 구조를 단단하게 함
달걀	글루텐 형성에 도움, 제품의 맛과 색을 좋게 하며, 다량 사용 시 질겨짐
수분 첨가	전분의 호화를 촉진함, 조금씩 나누어 가며 치대는 것이 효과적

⑦ 두류

㉠ 두류의 가열에 의한 변화

- 용혈 독성분을 가진 사포닌의 기능과 독성물질 상실한다.
- 날콩 속에는 단백질의 소화액인 트립신(Trypsin)의 분비를 억제하는 안티트립신 (Antitrypsin)이 들어 있어 소화가 잘되지 않지만, 가열하면 파괴되어 단백질의 소화율과 이용률이 높아진다.
- 알칼리성 물(중조)에 대두를 삶으면 조직이 연해지나 비타민 B_1(티아민)이 파괴된다.

⑧ 채소류(조리 시 색의 변화)

클로로필(엽록소) 녹색 색소(지용성 색소)	• 알칼리 성분(황산, 중탄탄 소다)으로 처리 시 안정된 녹색 유지 • 산성 성분(식초)으로 처리 시 누런 갈색, 녹색 채소(시금치, 미나리, 쑥갓 등)
안토시안 적색, 자색, 청색 색소(수용성)	• pH의 변화에 따라 색의 변화(산성 → 중성 → 알칼리성, 적색 → 자색 → 청색) • 비트, 적양배추, 딸기, 가지, 포도, 검정콩 등
플라보노이드 엷은 황색 색소(수용성 색소)	쌀, 감자, 연근, 밀가루, 양파 등
카로티노이드 황색, 주황색, 적색(지용성 색소)	• 산, 알칼리, 열에 안정적이나 산소, 햇빛, 산화효소에 불안정 • 당근, 호박, 고구마, 토마토 등

⑨ 과일류

㉠ 과일류의 특징

- 젤리화의 3요소 : 당분, 유기산(구연산, 주석산, 사과산 등)의 함량이 많고, 펙틴 (1.0~1.5%) 함유
- 감이나 배는 펙틴과 유기산의 함량이 적어서 잼을 만드는 원료로 부적합

㉡ 과일가공품

- 잼 : 과즙과 과육을 전부 이용하여 설탕(60~65%)을 넣고 점성이 있도록 가열 농축한 것
- 젤리 : 과즙에 설탕(70%)을 넣고 가열 농축한 것
- 마멀레이드 : 오렌지나 레몬껍질과 과육에 설탕을 첨가하여 가열 농축한 것

3 축산물의 조리 및 가공 · 저장

① **육류의 조리 및 가공 · 저장**

ㄱ 육류의 사후경직과 숙성

- 근육이 단단해지는 현상(사후경직, 사후강직)
- 단백질의 분해효소 작용으로 서서히 강직이 해소된 '숙성' 일어남
- 방치 시 미생물의 활성으로 변질 시작

ㄴ 가열에 의한 변화

- 중량 감소 : 단백질이 변성(응고)되고, 고기가 수축 · 분해되어 보수성 및 중량이 감소됨
- 풍미 증진 : 생식 때보다 소화에 좋고 풍미에는 좋으나 비타민 손실이 있음
- 지방 융해 : 지방이 융해되고 색과 풍미가 좋아짐
- 콜라겐이 젤라틴으로 변화

ㄷ 육류의 연화법

- 도살 직후 숙성 기간을 두어 근육조직을 연화시키거나 장시간 물에 끓여줌
- 고기의 결 반대로 썰거나, 칼집을 넣거나, 두들기거나 갈아줌
- 고기를 얼림(고기 속의 수분이 단백질보다 먼저 얼어 조직이 파괴되어 부드러워짐)
- 단백질 분해효소에 의한 고기 연화법 : 파파야(파파인), 무화과(피신), 파인애플(브로멜린), 배(프로테아제), 키위(액티니딘)

ㄹ 젤라틴

- 응고력 증가 : 젤라틴의 농도가 높을수록 빠르게 응고, 소금 첨가 시 응고력 상승
- 응고력 약화 : 설탕 첨가 시 감소, 산 첨가 시 감소, 단백질 분해효소 사용 시 감소

② **달걀의 조리(달걀의 신선도 판정법)**

외관법	달걀의 표면(껍질)이 까칠까칠하며 광택이 없고, 흔들었을 때 소리가 없는 것
투광법	기실의 크기가 작으며, 난황의 중심에 위치하여 윤곽이 뚜렷한 것
비중법	6%의 소금물에 넣어 가라앉으면 신선하고, 위로 뜨면 오래된 것
난황계수	난황의 높이/난황의 지름 : 0.36 이상 신선, 0.25 이하는 오래된 것
난백계수	난백의 높이/난백의 지름 : 0.15 이상 신선, 0.1 이하는 오래된 것

③ **우유의 조리(우유의 성분)** : 동물성 단백질 공급원으로 완전식품

카제인	• 우유 단백질의 약 80% 차지 • 산이나 효소(레닌)를 가하면 응고되나, 열에 의해서는 응고되지 않음 • 치즈나 요구르트 만들 때 활용됨

유청단백질	• 우유 단백질의 약 20% 차지, 카제인이 응고된 후에도 남아 있는 단백질 • 산이나 효소(레닌)에 의해 응고되지 않으나, 열에 의해 응고됨 • 가열 시 유청단백질은 피막을 형성하고 냄비 밑바닥에 침전물이 생기는데, 이 피막은 뚜껑을 닫고 약한불에서 은근히 끓이거나 저으면서 끓이면 억제가 가능함

④ 수산물의 조리 및 가공 · 저장

① 어취(생선 비린내) 제거방법

    ㉠ 신선도가 저하되면 TMA는 증가하지만, 수용성이므로 물로 씻어 비린내를 줄일 수 있음

    ㉡ 레몬즙, 식초 등의 산을 첨가하거나 된장이나 간장을 첨가

    ㉢ 파, 마늘, 생강, 고추냉이, 술 등의 향신료 사용

    ㉣ 우유(우유는 비린내 흡착성질 가짐)에 미리 담가두었다가 조리함

② 한천(우뭇가사리)

    ㉠ 바다 속에서 자라는 홍조류인 우무를 삶아 동결 건조시켜 만든 것으로 응고력이 높음

    ㉡ 다당류 식품으로 체내에서 소화되지 않으며, 영양가는 없으나 변비예방에 좋음

    ㉢ 잼, 과자, 양갱, 양장피에 사용됨

⑤ 유지 및 유지가공품

① 유지의 종류

식물성 유지	콩기름, 옥수수유, 유채꽃유, 포도씨유, 해바라기씨유, 참기름, 들기름
동물성 유지	라드, 라돈(돼지), 버터, 소기름, 양기름
가공유지(경화유)	마가린, 쇼트닝(이중결합에 수소 첨가)

② 유화성 이용

유화(Emulsion)는 성질이 전혀 다른 두 종류의 액체(물과 기름)가 서로 분리되지 않고 잘 분산되어 콜로이드(Colloid) 상태로 된 것

수중유적형(O/W)	• 물속에 기름이 분산되어진 형태 • 우유, 생크림, 아이스크림, 마요네즈, 프렌치드레싱, 잣죽 등
유중수적형(W/O)	• 기름에 물이 분산되어진 형태 • 버터, 마가린 등

6 냉동식품의 조리

① **냉동식품 해동방법**

  ㉠ 육류 · 어류 : 높은 온도에서 해동하면 조직이 상해서 드립(Drip)이 많이 나오므로 냉장고에
    서 자연 해동하는 것이 가장 좋음(플라스틱 필름에 싸서 냉수에 녹임)

  ㉡ 채소류 : 냉동 전에 데친 후 냉동하였으므로 삶을 때는 해동과 조리를 동시에 단시간에 하
    고, 찌거나 볶을 때는 냉동된 상태 그대로 조리함

  ㉢ 과일류 : 먹기 직전에 포장 상태로 흐르는 물에서 해동을 하거나 반동결된 상태로 먹음

  ㉣ 반조리식품 : 알루미늄에 넣은 것은 끓는 물에서 그대로 약 10분간 끓이고, 플라스틱 필름으
    로 싼 것은 오븐이나 전자레인지를 사용하여 직접 가열함

PART 06 한식 조리

01 한식 조리의 개요

02 한식 밥 조리

03 한식 죽 조리

04 한식 국·탕 조리

05 한식 찌개 조리

06 한식 전·적 조리

07 한식 생채·회 조리

08 한식 조림·초 조리

09 한식 구이 조리

10 한식 숙채 조리

11 한식 볶음 조리

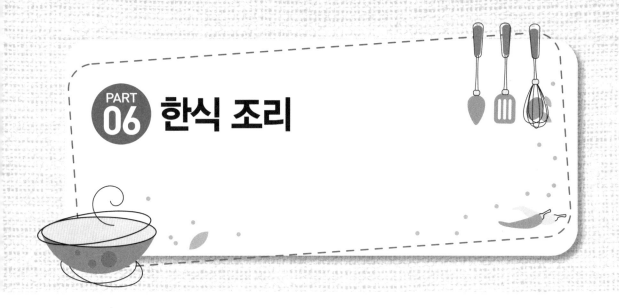

PART 06 한식 조리

① 한식 조리의 개요

① **한식의 이해**

ㄱ 한국 음식의 특징

- 주식(밥), 부식(반찬)이 구분되어 영양학적으로 상호보완적이다.
- 음식의 종류와 조리법이 다양하다.
- 김치, 젓갈, 장아찌, 장, 술 등의 발효식품이 발달했다.
- 향신료, 양념의 종류가 많다.
- 오색재료, 오색고명을 많이 이용했다(음양오행사상).

ㄴ 한국 상차림의 특징

- 우리나라의 상차림은 전통적으로 공간 전개형의 상차림이 발달하였다.
- ※ 공간전개형이란, 미리 상위에 준비한 음식을 모두 한꺼번에 갖추어 놓은 후 식사를 할 수 있게 한 것을 말한다.
- 유교의 영향으로 상차림, 식사 예법이 엄격하다.
- 밥–상의 앞 왼쪽, 국–밥 오른쪽으로 배치(수저 – 왼쪽, 젓가락 – 오른쪽)

② **한국 상차림의 구분**

ㄱ 목적 및 주식에 따른 분류

주식에 따른 분류	손님을 대접하는 상차림	의례적인 상차림
반상 죽상 면상 떡국상	교자상 주안상 다과상	• 돌상 • 큰상(혼례, 회갑, 회혼 등의 경사스러운 의례 상차림) • 제사상

ⓛ 반상(첩 수에 따른 구분)

반상차림	첩 수에 들어가지 않는 기본 음식																	
	밥	국	김치	장류	찌개	찜	전골	나물(생채)	나물(숙채)	구이	조림	전	마른반찬	장아찌	젓갈	회	편육	수란
3첩	1	1	1	1				택1		택1			택1			–	–	–
5첩	1	1	2	2	1			택1		1	1	1	택1			–	–	–
7첩	1	1	2	3	2	택1		1	1	1	1	1	택1			택1		–
9첩	1	1	3	3	2	1	1	1	1	1	1	1	1	1	1	1	택1	–
12첩	1	1	3	3	2	1	1	1	1	2	1	1	1	1	1	1	1	–

③ 한식의 식기(그릇)

ㄱ 밥그릇 : 주발(남자용 밥그릇), 바리(여자용 밥그릇, 뚜껑에 꼭지가 있음)

ㄴ 탕기 : 국을 담는 그릇으로 주발과 같은 모양이다.

ㄷ 대접 : 숭늉을 담는 그릇으로, 밥그릇보다는 조금 작은 크기이다.

ㄹ 뚝배기 : 입구의 지름은 넓고 속이 깊으며, 뚜껑이 없다. 불에서 끓이다가 상에 올려도 잘 식지 않아서 찌개를 담기에 좋다.

ㅁ 유기그릇 : 놋쇠로 만든 그릇으로, 보온·보냉과 항균효과가 있다.

ㅂ 조치보 : 탕기보다 작고 주발과 같은 모양이며, 찜을 담는 그릇이다.

ㅅ 반찬그릇 : 보시기(김치, 국물이 있는 반찬을 담는 그릇), 쟁첩(전, 구이, 나물 등을 담는 그릇) → 쟁첩의 숫자에 따라서 3첩, 5첩, 7첩, 9첩, 12첩 반상으로 결정된다.

ㅇ 종지 : 간장, 초장, 초고추장, 꿀 등을 담는 그릇이다.

ㅈ 조반기 : 죽, 미음 그릇이다.

ㅊ 밥소라 : 떡국, 밥, 국수 등을 담는 그릇이다.

④ 양념의 종류

ㄱ 소금

- 호렴 : 천일염(호염)을 말하며, 장을 담그거나 간장, 채소, 생선의 절임용으로 사용한다.
- 자염 : 천일염을 끓여서 추출한 소금이다.
- 재제염 : 꽃소금을 말하며, 간을 맞춘다.
- 정제염 : 맛소금을 말한다.

ㄴ 간장

- 국간장 : 메주에 소금물을 넣어 만든 것이며, 보통의 염도는 24%이다.
- 청장 : 간장을 담근 지 1년이 된 맑은 간장이다.

- 진간장 : 화학간장이며, 콩을 분해해 아미노산을 액화시켜 만든 것으로 보통의 염도는 18~20%이다.
- 양조간장 : 6개월 정도 발효시킨 간장이다.
- 향신간장 : 진간장에 다시마, 생강, 건 표고버섯, 건 고추, 마늘과 양파 등을 넣어서 끓인 후 걸러서 사용하는 간장이다.

ⓒ 식초
- 양조식초 : 곡물, 과실을 발효시켜 초산을 생성하는 식초이다.
- 합성식초 : 빙초산, 초산을 물로 희석하여 식초산이 3~4%가 되도록 한 식초이다.
- 혼성식초 : 양조식초와 합성식초를 혼합한 것이다.

⑤ 한식의 고명(웃기 또는 꾸미)

흰색	노란색	붉은색	녹색	검은색
달걀흰자	달걀노른자	홍고추, 당근, 실고추, 대추	미나리, 실파, 호박, 오이, 풋고추	석이버섯, 표고버섯

❷ 한식 밥 조리

우리나라 음식은 주식과 부식으로 나누며, 농경사회가 시작된 시기부터 밥은 중요한 역할을 한다.

① 밥 조리

쌀 씻기	쌀을 손바닥으로 비벼서 뿌연 물이 없어질 때까지 3~4번 헹굼(불미 성분, 불순물을 제거하고 촉감의 상승과 맛의 상승이 있음)
침지 및 불림	쌀 침지 시 수분 흡수 속도는 쌀의 품종, 쌀 생산연도, 물의 온도와 시간에 따라 다름
밥 짓기	물의 양은 쌀 중량의 1.0~1.5배, 불의 강도는 센불 · 중불 · 약불로 조절(60~65℃에서 호화가 시작되고, 100℃에서 20~30분 정도면 호화가 완료)
뜸들이기	10~15분 뜸을 들임(완성된 밥의 경우에 2.3~2.4배가 됨)
돌솥밥	• 돌솥에 참기름을 두르고 소고기, 표고버섯 등을 볶음 • 쌀도 볶아 투명해지면 콩이나 팥, 대추, 은행, 밤 등을 넣어줌 • 쌀 중량의 1.0~1.5배의 다시물을 붓고 밥을 지음
오곡밥	• 차조를 제외한 재료를 냄비에 넣고 소금을 조금 넣어 센불에서 끓임 • 밥물이 한 번 끓어오르면 차조를 얹어 중불에서 끓여줌 • 쌀알이 잘 익으면 불을 약하게 줄이고 보통의 밥보다는 더 뜸을 들임
콩나물밥	• 쌀을 씻어 냄비에 넣고 양념한 고기와 콩나물을 얹어 뚜껑을 닫음 • 센불에서 끓이다 약불로 줄여 쌀알이 익으면 약 10분 정도 뜸을 들임 • 먹는 시간에 맞추어 밥을 지음(콩나물의 수분이 빠져 가늘고 질겨짐)

② 밥 담기

　　㉠ 돌솥밥은 볶은 재료들의 색이 겹치지 않도록 담고, 밥이 보이지 않도록 고명을 올린다.

　　㉡ 고슬고슬하게 지어진 오곡밥을 주걱으로 아래·위로 잘 섞은 후 뜨거울 때 그릇에 담아낸다.

　　㉢ 콩나물밥은 소고기를 주걱으로 살살 고루 섞어 담고, 양념장을 곁들여낸다.

　　㉣ 밥을 골고루 섞어준 뒤 그릇에 눌러 담지 않는다.

③ 한식 죽 조리

① 죽 조리의 특징

　　㉠ 죽은 정착 생활을 통한 곡물의 수확과 조리기구인 토기가 도입되면서 곡물에 물을 많이 넣어 오랫동안 끓여 완전히 호화시켜 농도가 묽게 흐를 정도의 점도를 지닌 유동식 음식이다.

　　㉡ 죽의 영양은 100g당 30~50kcal로 밥의 1/3~1/4 정도가 된다.

　　• 농도에 따른 분류

미음	곡물을 알맹이째 푹 무르게 끓인 후 체에 밭친 것으로, 쌀·차조·메조 등으로 쑨다.
응이	• 죽보다 더욱 묽은 상태로 마실 수 있는 정도이다. • '응이'는 율무를 갈아서 생긴 앙금을 묽게 쑨 것이지만, 녹두·수수·칡 등 다른 곡물의 전분으로 만든 것도 있다.
암죽	곡식의 마른 가루에 물을 넣어서 끓인 묽은 죽이다.

　　• 재료에 따른 분류

곡물류죽	흰죽, 양원죽, 콩죽, 팥죽, 녹두죽, 흑임자죽, 보리죽, 조죽, 율무죽, 암죽, 들깨죽, 우유죽 등
견과류죽	잣죽, 밤죽, 낙화생죽, 호두죽, 은행죽, 도토리묵죽 등
채소류죽	아욱죽, 근대죽, 김치죽, 애호박죽, 무죽, 호박죽, 죽순죽, 콩나물죽, 버섯죽, 차조기죽, 방풍죽, 미역죽, 시래기죽, 부추죽 등
육류죽	소고기죽, 장국죽, 닭죽, 양죽 등
어패류죽	어죽, 전복죽, 옥돔죽, 대합죽, 바지락죽, 생굴죽 등
약이성 재료죽	갈분죽, 강분죽, 복령죽, 문동죽, 산약죽, 송엽죽, 송피죽, 연자죽, 인삼대추죽, 죽염죽, 차잎죽, 행인죽 등

　　• 쌀의 형태에(처리 방법) 따른 분류

옹근죽	쌀알을 으깨거나 갈지 않고 그대로 사용	–
원미죽	쌀알을 굵게 갈아서 쑤는 죽	장국죽
무리죽(비단죽)	쌀알을 곱게 갈아서 매끄럽게 쑤는 죽	타락죽, 호두죽, 잣죽

② 죽 조리

　㉠ 곡물을 미리 충분히 불려서 수분을 흡수시킨다.

　㉡ 물의 양은 쌀 부피의 5~6배 정도가 적당하다.

　㉢ 죽을 쑤는 중간에 너무 자주 젓지 않도록 하며, 반드시 나무주걱으로 젓는다.

　㉣ 죽을 조리 시 불의 세기는 중불 이하에서 서서히 오래 끓인다.

　㉤ 죽에 간을 맞출 때는 곡물이 완전 퍼진 뒤에 하며, 간은 아주 약하게 하고 기호에 맞게 간장, 소금, 설탕과 꿀을 곁들여내는 것이 좋다.

③ 죽 담기

　㉠ 장국죽은 죽에 간장으로 색과 간을 맞춘 것으로 뜨거울 때 담아낸다.

　㉡ 전복죽은 동치미 · 장산적 · 매듭자반과 함께 내고, 먹을 때 소금으로 간을 맞춘다.

　㉢ 녹두죽은 소금이나 설탕 · 꿀을 넣어 먹어도 좋고, 물김치와 함께 먹어도 좋다.

　㉣ 뜨거울 때 따뜻한 그릇에 담아내고, 소금과 설탕 · 꿀 등을 작은 그릇에 따로 담아낸다.

　㉤ 기호에 맞게 먹도록 간장, 소금, 설탕과 꿀을 곁들여내는 것이 좋다.

4 한식 국 · 탕 조리

① 국 · 탕 조리의 특징

　㉠ 국을 한자로는 탕(湯) 또는 갱(羹)이라 하며, 요즘은 제사상에 놓는 국을 가리켜 갱이라 한다.

　㉡ 국의 종류 : 맑은국, 토장국, 곰국, 냉국으로 분류한다.

　• 국물의 기본

쌀뜨물	쌀을 처음 씻은 물은 버리고 2~3번째 씻은 물로 사용 → 쌀의 전분성과 국물의 진한 맛, 부드러움을 줌
멸치, 조개 국물	멸치 내장을 제거하고 볶아 사용해야 비린맛이 덜함 → 국물용 조개류는 바지락이나 모시조개처럼 작은 것이 적당함
다시마	다시마는 두껍고 검은빛을 띠는 것이 좋음 → 감칠맛 성분인 글루탐산, 알긴산, 만니톨 등이 있어 국물 맛이 좋음
소고기	육수용 고기는 사태나 양지머리 같은 질긴 고기를 사용 → 물에 담가 핏물을 충분히 제거하고 조리하는 것이 좋음
사골	국, 전골, 찌개요리에 중심이 되는 맛의 국물임 → 핏물을 충분히 빼고 사용해야 국물이 검어지지 않고 맑게 나옴
부재료	오랫동안 주재료와 함께 끓여도 괜찮은 향신료 → 대파, 대파 뿌리, 마늘, 양파, 무, 표고버섯, 통후추, 생강, 고추씨 등

• 국, 탕의 분류

국류	무 맑은국, 시금치 토장국, 미역국, 북엇국, 콩나물국 등
탕류	조개탕, 갈비탕, 육개장, 추어탕, 우거지탕, 감자탕, 설렁탕, 머위깨탕, 비지탕 등

• 국의 종류

분류	특징	종류
맑은국	• 소고기 육수가 기본 • 건더기는 작은 편	콩나물국, 대합국, 재첩국, 홍합국
토장국	• 국물에 된장을 풀어서 간을 맞춘 국 • 감칠맛	된장국, 청국장
곰국	소고기의 질긴 부위, 뼈 등을 고아서 우려낸 국	설렁탕, 곰국
냉국	• 여름철에 차갑게 먹음 • 식힌 육수나 물을 사용	오이냉국, 미역냉국, 임자수탕

② 국물의 양과 명칭에 따른 분류

국	찌개보다 국물이 많으며, 건더기는 국물의 1/3 정도가 좋음
탕	건더기는 국물의 1/2 정도가 좋으며, 고기와 생선 같은 재료에 양념을 넣어 오래 끓임
찌개	국보다 건더기가 많으며, 국물의 2/3 정도가 좋음
조치	궁중에서 찌개를 일컫는 말
감정	고추장으로 조미한 찌개
지짐이	국물이 찌개보다 적은 편
전골	육류와 채소를 그릇에 담아 준비하여 상 옆에서 화로 위에 전골틀을 올려놓고 즉석에서 만들어 먹는 음식

③ 국, 탕 담기

㉠ 그릇의 종류

탕기	국을 담는 그릇	주발과 같은 모양
대접	숭늉을 담는 그릇	밥그릇보다 작음
유기그릇	놋쇠로 만든 그릇	보온, 보냉, 항균 효과가 좋음
뚝배기	입구의 지름이 넓고 속이 조금 깊으며, 뚜껑이 없는 형태	
질그릇	잿물을 바르지 않고 진흙으로만 구워 만든 그릇	
오지그릇	광택이 없고 섬세하지 못한 모양이 특징	

㉡ 고명의 종류

달걀 지단	흰자, 노른자를 분리하여 팬에 익힌 후 마름모꼴, 골패모양 또는 채 썰어 사용
미나리	미나리의 잎을 제거한 후 일정한 길이로 자르고, 소금으로 살짝 절인 후 팬에서 볶아 사용
미나리초대	미나리의 잎과 뿌리를 제거한 후 꼬지에 끼우고 밀가루와 달걀을 묻혀 팬에 지져내며, 식힌 후 마름모꼴로 썰어서 사용
고기완자	소고기를 곱게 다진 후 양념을 하고, 새알 모양으로 빚은 뒤 밀가루와 달걀을 묻힌 후 기름 두른 팬에서 굴려가면서 익힘
홍고추	고추씨를 제거하고 어슷하게 썰어서 사용

🍳 ⑤ 한식 찌개 조리

① 찌개의 의의

육수를 국, 탕이나 지짐이보다 적게 하여 고기, 채소, 어패류 등의 식재료를 넣어서 끓인 반찬이다.

㉠ 양념에 따른 찌개의 종류

맑은 찌개	소금이나 새우젓으로 간을 한 찌개(두부젓국찌개, 명란젓국찌개)
탁한 찌개	된장이나 고추장으로 간을 한 찌개(된장찌개, 고추장찌개, 생선찌개, 순두부찌개, 오이 감정, 게감정 등)

㉡ 주재료에 따른 분류

명란젓국찌개	명란젓과 새우젓으로 간을 맞춘 찌개이며 쌀뜨물, 소고기, 멸치 등을 육수로 사용
된장찌개	된장을 토장이라 하며, 된장 외에도 막장, 청국장, 고추장, 담북장 등을 찌개에 사용함. 두부, 풋고추, 호박, 소고기 등을 재료로 사용
생선찌개	흰살생선을 많이 사용하고 고춧가루, 고추장으로 매운맛을 내며, 생선 비린내를 제거하기 위해 미나리, 쑥갓, 대파, 마늘, 생강 등을 사용

② 찌개 담기

육수로 끓인 고기를 썰어 주고 무를 바닥에 깔고 그 위에 준비해 둔 재료를 가지런히 올려준다.

㉠ 생선 육수의 경우에는 무, 채소를 바닥에 깔고 가지런히 담아낸다.

㉡ 채소 육수의 경우에는 숙주, 버섯 등을 바닥에 깔고 가지런히 담아낸다.

🍳 ⑥ 한식 전 · 적 조리

① 전

㉠ 전은 육류, 어패류, 채소류 등을 기름으로 지지는 조리법이고 전유어 등으로 불리며, 전유어는 반상, 면상, 주안상, 교자상 등에 오른다.

㉡ 전의 재료는 얇게 썰어서 소금, 후추로 밑간하고 밀가루, 달걀을 입혀서 지진다.

② 적

육류, 채소, 버섯 등을 양념하여 꼬치에 꿰어 구운 것으로 산적, 누름적, 지짐누름적으로 나눌 수 있다.

③ 전류의 영양

　전류는 식물성 기름을 사용한 건강식품으로 재료에 따라서 단백질, 탄수화물, 지방의 영양소 외에 비타민과 무기질 같은 미량원소들을 동시에 보유한 우수한 조리방법이다.

　㉠ 적의 종류

산적	육류, 생선, 채소 등을 길게 썰어 양념한 뒤 꼬치에 꿰어 직화나 팬에 굽는다.
누름적	각각의 재료들을 양념하여 익힌 후에 꼬치에 꿴 것이다.
지짐적	꼬지에 꿴 뒤 전처럼 옷을 입혀서 지지는 것으로 김치적, 두릅적이 있다.

　㉡ 전·적 조리

육류전	전에 쓰이는 육류에는 소고기, 천엽, 간, 양, 부아 등 내장육도 이용되기도 하고, 얇게 떠서 지진 육전, 소고기를 다져 지진 육원전 등이 있다.
어패류전	동태, 민어, 대구, 광어 등의 흰살생선을 포를 떠서 지지거나 새우, 패주, 굴 등을 밀가루에 무친 후 달걀로 옷을 입혀서 지지기도 한다.
채소전	연근, 애호박은 얇게 썰어 소금으로 살짝 밑간하여 부치거나 풋고추와 표고버섯은 육류를 다져 두부를 합하여 양념한 소를 채워서 지진다.
지짐, 부침	녹두를 불려 곱게 갈아 고기, 김치, 나물 등을 넣어서 지진 녹두전이 있고, 실파에 해물을 섞어서 지진 파전, 미나리전 등이 있다.

③ 전·적 담기

　㉠ 음식의 색을 강조 시에는 어두운 색의 접시를 사용한다.

　㉡ 따뜻한 온도와 색, 풍미가 유지되도록 담아내고, 그릇과 조화를 고려하여 담아낸다.

⑦ 한식 생채·회 조리

① 회 조리의 특징

　㉠ 회(膾)는 육류, 어패류와 채소류를 날로 먹는 것이므로 신선하고, 위생적이어야 한다.

　㉡ 회의 종류에는 육회, 굴회, 처녑회, 송어회, 물회, 생선회, 조개회 등이 있다.

　㉢ 채류는 잡채, 구절판, 겨자채와 해파리냉채 등이 있고, 초고추장, 겨자집, 소금기름에 찍어 먹는다.

② 생채 조리의 특징

　㉠ 생채는 계절마다 나오는 싱싱한 재료들을 익히지 않고 고추장, 초고추장, 겨자와 식초 등으로 새콤달콤하게 무친 음식이다.

　㉡ 생채의 종류에는 도라지생채, 파래무침, 실파무침, 오이생채, 더덕생채, 겨자냉채, 게살냉채, 수삼냉채, 도토리묵냉채, 연두부냉채와 상추냉채 등이 있다.

ⓒ 생채는 제공 직전에 무치며, 담는 그릇이 화려하면 음식이 죽어보이므로 단색의 그릇에 담
아내야 한다.

③ 생채의 조리 순서

다듬기 → 씻기 → 썰기 → 양념하기

④ 회 · 생채 담기

ⓐ 제공 직전에 무친다.

ⓑ 색상에 맞게 담는다.

ⓒ 그릇이 화려하면 음식이 죽어보이므로 단색 그릇에 담는 것이 좋다.

⑧ 한식 조림 · 초 조리

① 조림의 특징

ⓐ 조림은 조리개라고도 하고 주로 반상에 오르는 찬품이며, 육류 · 어패류 · 채소류로 만든다.

ⓑ 조림의 종류에는 소고기장조림, 갈치조림, 감자조림, 달걀조림, 꽁치조림, 무조림, 홍합조
림, 전복초 조림, 콩 조림, 토란 조림과 오징어 풋고추조림이 있다.

ⓒ 조림 시 바닥이 넓은 팬을 이용하면 재료가 균일하게 익고 조림장이 골고루 스며든다.

ⓓ 강한 불로 시작하고 끓어오르면 불을 줄이고서 거품을 걷어 주어야 조림이 깔끔하다.

② 초조리의 특징

ⓐ 초(炒)는 '볶는다'는 뜻이며, 간이 세지 않게 조리다가 나중에 녹말을 풀어 국물이 엉기게 한
음식이다.

ⓑ 초(炒)의 종류에는 홍합초, 전복초, 소라초, 해삼초, 대구초와 조갯살초 등이 있다.

ⓒ 초(炒)의 조리 시 재료의 크기, 모양이 일정해야 하고 양념은 너무 강하지 않게 하며, 조리
시 불의 세기는 센불, 중불, 약불의 순으로 한다.

③ 조림 · 초 조리

ⓐ 불 조절 순서 : 센불 → 중불 → 약불

ⓑ 양념하는 순서 : 설탕 → 소금 → 간장 → 식초

④ 조림 · 초 조리 시 주의할 점

ⓐ 재료의 크기와 써는 모양에 따라 맛이 좌우된다.

ⓑ 양념을 적게 써야 식재료의 고유한 맛을 살릴 수 있다.

ⓒ 센불에서 조리하다가 양념이 배이면 불을 줄여 마저 익히면서 국물을 끼얹어가며 조린다.

ⓔ 생선 조림은 조림장이 끓을 때 넣어야 부서지지 않고, 비린내를 휘발시킨 후 뚜껑을 닫는다.

ⓜ 설탕과 소금이 동시에 들어가면 짠맛이 먼저 스며들어 단맛의 침투가 더디다.

⑤ 조림 · 초 담기

오목한 그릇에 담으며 주재료를 중앙, 부재료는 가장자리에 담아주고 조림 표면이 마르지 않도록 국물을 자박하게 담는다.

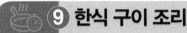 ⑨ 한식 구이 조리

① 구이 조리의 특징

ⓐ 불을 사용하는 화식(火食) 중 가장 먼저 발달한 조리법이며, 육류와 어패류, 가금류와 채소류 등의 재료들을 직접 불에 굽는 음식이다.

ⓑ 구이 조리 방법은 직화법(직접 불에 굽는), 간접화법(철판 및 도구를 이용)이 있다.

② 구이 조리 방법

소금구이	• 생선은 무게의 약 2%의 소금을 사용하는 것이 적절함 • 고등어소금구이, 꽁치소금구이, 삼치소금구이
간장양념 구이	• 간장양념에 재워 구움(양념에 재우는 시간은 30분 정도가 적당) • 너비아니, 소갈비구이
고추장양념 구이	• 고추장양념에 재워 구움(양념에 재우는 시간은 30분 정도가 적당) • 제육구이, 북어구이, 더덕구이, 생선양념구이, 오징어양념구이

③ 굽는 방법

직접구이[브로일링(Broiling)]	석쇠나 망을 이용하여 직접 구워내는 방법이다.
간접구이	철판, 프라이팬 등을 이용하여 굽는 방법이다.
건열구이	데워진 공기로 굽는 방법이다(오븐구이).

④ 구이 조리 시 주의할 점

ⓐ 예열한 상태의 팬, 오븐으로 구이를 할 경우 육즙의 배출을 막을 수 있으나 불이 너무 셀 경우 겉면이 타고 속이 익지 않으며, 양념이 배어들지 않을 수 있다. 또한 재료가 너무 얇으면 탈 수 있으니 주의해야 한다.

ⓑ 생선이나 소고기는 40℃ 전 · 후에서 단백질이 응고되며, 소고기는 65℃, 생선은 70~80℃에서 응고시키는 것이 맛에는 좋다.

© 생선은 무게의 약 2%의 소금을 사용하는 것이 적절하다.

② 고추장 양념은 쉽게 타므로 먼저 익혀(초벌구이) 고추장 양념을 나중에 발라 구워준다.

⑩ 초벌구이 → 재벌구이 → 뒤집기의 순서로 구워준다.

⑪ 단백질의 가수분해효소 첨가제로는 파인애플의 브로멜린, 파파야의 파파인과 배 또는 생강의 프로테아제가 있다.

🍳 ⑩ 한식 숙채 조리

① 숙채 조리의 특징

㉠ 숙채는 익히거나 볶은 조리방법에 해당한다.

㉡ 나물은 생채와 숙채를 합하여 부르기도 하지만, 대개는 숙채를 말한다.

㉢ 삶기·데치기는 물을 이용하는 방법으로 색의 안정, 발색, 불미 성분의 제거, 부피 축소와 조직이 연화되어 맛이 증가되는 효과가 있다.

㉣ 볶을 때에는 적당량의 기름을 넣고 타지 않도록 해야 한다.

㉤ 나물을 무칠 때에는 살살 무치고, 양념이 골고루 잘 배도록 무친다.

㉥ 나물을 무쳐서 오래 두면 물기가 빠져 맛이 없으므로 먹기 직전에 무치는 것이 좋다.

㉦ 볶는 나물은 일반 식용유로 볶다가 마지막에 참기름을 넣는다.

② 숙채 조리

종류	조리방법
탕평채	• 청포묵, 미나리, 숙주는 손질하여 데쳐서 찬물에 헹구어줌 • 청포묵, 미나리, 숙주를 소금과 참기름으로 밑간함 • 소고기는 채썰어 양념하여 볶고, 달걀은 황·백으로 지진 후 채썰기 • 간장, 식초, 설탕으로 양념장을 만들고 모두 넣어 무쳐냄
겨자채	• 소고기는 편육으로 삶아내고, 달걀은 황·백으로 지져서 골패썰기 • 당근, 양배추, 오이 등의 채소는 골패로 썰어 찬물에 담가줌 • 밤과 배는 설탕물에 담갔다가 골패모양으로 썰어서 준비 • 겨자를 발효시켜 식초, 설탕 등으로 소스장을 만들어 모두 무쳐냄
칠절판	• 오이, 당근은 곱게 채썰어 소금에 절였다가 씻어서 볶아놓음 • 소고기와 석이버섯은 각각 손질하여 양념한 후 볶아 준비 • 밀전병을 규격에 맞게 지지고, 황·백지단도 지진 후 채썰어 놓음 • 요리접시에 밀전병을 중앙에 오도록 하여 볶은 재료들을 담아냄
잡채	• 숙주는 거두절미하고 데치고, 당면은 삶아 유장 처리함 • 도라지, 오이, 당근, 양파는 채썰어 밑간한 후 씻어서 볶기 • 삶은 당면은 유장 처리한 후 한 번 팬에 볶아주는 것이 좋음 • 소고기는 채썰어 양념하여 야채를 볶은 후 바로 볶아냄

③ 숙채 조리 시 주의할 점

㉠ 물에 데치면 색이 안정되고 발색이나 불미 성분은 제거되지만, 부피는 축소된다.

㉡ 볶을 때에는 적당량의 기름을 넣고 타지 않도록 해야 한다.

㉢ 나물을 무칠 때에는 살살 무치고, 양념이 골고루 잘 배이도록 무친다.

㉣ 나물을 무쳐서 오래 두면 물기가 빠져 맛이 없으므로 먹기 직전에 무치는 것이 좋다.

㉤ 볶는 나물은 일반 식용유로 볶다가 마지막에 참기름을 넣는다.

⑪ 한식 볶음 조리

① 볶음 조리의 특징

㉠ 볶음은 적당한 기름을 넣어서 가열한 후 식재료를 넣고 익히는 조리법이다.

㉡ 단단한 재료는 미리 익혀서 준비하고, 수분이 많은 재료는 수분 제거 후 단시간에 볶는다.

㉢ 양념이 고루 배어들면서 타지 않도록 불 조절에 주의하면서 조리한다.

㉣ 볶음 조리 시 강한 불에서 조리해야 식감이 좋고, 재료 본연의 색이 변하지 않는다.

㉤ 화력이 약하면 수분 손실로 인해 채소의 경우는 식감이 좋지 않고 본연의 색이 변한다.

② 볶음 조리 시 불 조절 순서 : 센불 → 중불 → 약불

③ 볶음 조리 도구

팬(넓은 팬, 깊은 팬)	양념이 골고루 스며들고 균일하게 볶아지며, 넓은 팬은 완성된 요리를 식히기에 용이하므로 채소의 식감, 색상이 변화하지 않는다.
나무주걱	코팅된 팬에 사용하기 적합하며, 식자재의 마찰에 영향을 주지 않으므로 사용이 편리하다.
체(건지기)	재료를 건지거나 물기를 제거할 때 사용한다.
쟁반, 큰 접시	볶음 조리 후 식힐 때 사용하고 남은 열로 인한 갈변을 방지하고 요리의 식감을 좋게 한다.

④ 볶음 조리 시 주의할 점

㉠ 양념이 고루 배어들면서 타지 않도록 불 조절에 주의하면서 조리한다.

㉡ 볶음 조리 시 강한 불에서 조리해야 식감이 좋고 재료 본연의 색이 변하지 않는다.

㉢ 화력이 약하면 수분 손실로 인해 채소의 경우는 식감이 좋지 않고 본연의 색이 변한다.

memo

PART 07 기출복원문제

01 2014년 1회, 2회

02 2015년 1회, 2회

03 2016년 1회, 2회

04 2017년 1회, 2회

05 2018년 1회, 2회

06 2019년 1회, 2회

07 2020년 1회, 2회

01 젓갈의 숙성에 대한 설명으로 틀린 것은?

① 호염균의 작용이 일어날 수 있다.

② 자기소화 효소작용에 의한 것이다.

③ 새우젓의 소금 사용량은 60%가 적당하다.

④ 농도가 묽으면 부패하기 쉽다.

해설

젓갈류의 소금 사용량은 20%로 발효시키는 것이 적당하다.

02 알칼리성 식품에 대한 설명으로 옳은 것은?

① 곡류, 육류, 치즈 등의 식품

② 당질, 지질, 단백질 등이 많이 함유되어 있는 식품

③ S, P, Cl가 많이 함유되어 있는 식품

④ Na, K, Ca, Mg이 많이 함유되어 있는 식품

해설

산성식품은 황(S), 염소(Cl)와 같은 산을 만드는 원소를 함유하며, 육류·난류·곡류 등이 해당된다.

03 과실의 젤리화 3요소와 관계없는 것은?

① 젤라틴

② 당

③ 펙틴

④ 산

해설

과실의 잼이나 젤리 형태의 제품이 되는 요소로는 산(pH 2.8~3.4), 당(설탕) 60~65%, 펙틴 1~1.5% 조건으로 만들어진다.

04 CA저장에 가장 적합한 식품은?

① 육류　　　　② 과일류

③ 우유　　　　④ 생선류

해설

CA저장

산소 농도를 낮추고 이산화탄소의 농도를 증가시키는 저장법으로, 노화현상이 지연되며 미생물 번식을 억제시키는 효과가 있다.

05 조리와 가공 중 천연색소의 변색 요인과 거리가 먼 것은?

① 금속　　　　② 질소

③ 효소　　　　④ 산소

해설

천연색소는 조리 중 효소, 금속, 산소, pH에 따라 변색된다.

06 밀가루의 용도별 분류는 어느 성분을 기준으로 하는가?

① 글리아딘　　　② 글로불린

③ 글루타민　　　④ 글루텐

해설

밀가루는 글루텐 함량에 따라 10% 이하는 박력분, 10~13%는 중력분, 13% 이상은 강력분으로 나눈다.

07 전자레인지의 주된 조리원리는?

① 초단파　　　　② 대류

③ 전도　　　　④ 복사

해설

전자레인지는 전기에너지를 마그네트론 장치에서 극초단파로 발생시켜 열을 발생시키는 원리로 식품을 가열하는 장치이다.

08 생선에 레몬즙을 뿌렸을 때 나타나는 현상이 아닌 것은?

① 단백질이 응고된다.

② pH가 산성이 되어 미생물의 증식이 억제된다.

③ 생선의 비린내가 감소한다.

④ 신맛이 가해져서 생선이 부드러워진다.

해설

레몬즙과 같은 산성 물질이 가해지면 단백질을 응고시켜서 식품을 단단하게 하며 살균효과를 가진다.

09 총원가에 대한 설명으로 맞는 것은?

① 제조간접비와 직접원가의 합이다

② 판매관리비와 제조원가의 합이다

③ 판매관리비, 제조간접비, 이익의 합이다

④ 직접재료비, 직접노무비, 직접경비, 직접원가, 판매관리비의 합이다

해설

총원가는 판매관리비와 제조원가(간접재료비＋간접노무비＋간접경비＋직접원가)의 합이다.

10 다음 중 대장균의 최적 증식온도 범위는?

① 55~75℃   ② 30~40℃

③ 5~10℃   ④ 0~5℃

해설

대장균의 최적증식온도는 37℃ 전후이다.

11 사용이 허가된 산미료는?

① 초산에틸   ② 말톨

③ 계피산   ④ 구연산

해설

사용이 허가된 산미료는 구연산, 젖산, 사과산, 초산, 주석산 등이다.

12 전분식품의 노화를 억제하는 방법으로 적합하지 않은 것은?

① 유화제를 사용한다.

② 식품의 수분 함량을 15% 이하로 한다.

③ 식품을 냉장 보관한다.

④ 설탕을 첨가한다.

해설

전분식품의 노화방지 방법으로 온도를 0℃ 이하나 60℃ 이상으로 유지한다.

13 조리장 설비에 대한 설명 중 부적합한 것은?

① 조리원 전용의 화장실은 출입구 위치가 조리실을 향하지 않도록 설비한다.

② 조리장 작업구역은 오염구역, 청결구역 등 작업의 구역이 구분되도록 설비한다.

③ 충분한 내구력이 있는 구조이어야 한다.

④ 외부에서 출입 시 급식실로 바로 통과하는 구조로 출입구를 설계한다.

해설

외부에서 조리실 내부로 바로 출입하게 되면 오염원이 제거되지 않을 수 있어 안 된다.

14 조리 시 일어나는 현상과 그 원인으로 연결이 틀린 것은?

① 생선을 굽는데 석쇠에 붙어 잘 떨어지지 않음 – 석쇠를 달구지 않았기 때문

② 오이무침의 색이 누렇게 변함 – 식초를 미리 넣었기 때문

③ 튀긴 도넛에 기름 흡수가 많음 – 낮은 온도에서 튀겼기 때문

④ 장조림 고기가 단단하고 잘 찢어지지 않음 – 물에 먼저 삶은 후 간장을 넣어 약한 불로 서서히 졸였기 때문

해설

장조림 조리 시 처음부터 간장에 가열 시 염분에 의한 수축작용으로 고기 내 수분이 빠져나와 단단해진다. 그러므로 고기가 익은 후 간장을 넣어야 한다.

정답

08 ④   09 ②   10 ②   11 ④   12 ③   13 ④   14 ④

15 탈수가 일어나지 않으면서 간이 맞도록 생선을 구우려면 일반적으로 생선 중량 대비 소금의 양은 얼마가 적당한가?

① 0.1% ② 2%
③ 16% ④ 20%

해설
생선구이 경우 생선 중량의 2~3%의 소금양이면 탈수가 일어나지 않으면서 간이 적절하게 된다.

16 증조를 넣어 콩을 삶을 때 가장 문제가 되는 것은?

① 조리시간이 길어짐
② 조리수가 많이 필요함
③ 콩이 잘 무르지 않음
④ 비타민 B_1의 파괴가 촉진됨

해설
콩을 삶을 때 증조를 넣게 되면 콩이 잘 무르며 조리시간이 단축된다.

17 하수오염조사 방법과 관련이 없는 것은?

① BOD의 측정
② DO의 측정
③ COD의 측정
④ THM의 측정

해설
THM은 수돗물의 염소 처리하는 과정에서 생성되는 환경오염 물질이다.

18 인수공통감염병에 속하지 않는 것은?

① 광견병
② 탄저
③ 고병원성조류인플루엔자
④ 백일해

해설
백일해는 호흡기계 감염병이다.

19 다음 중 잠복기가 가장 짧은 식중독은?

① 장구균 식중독
② 장염비브리오 식중독
③ 살모넬라균 식중독
④ 황색포도상구균 식중독

해설
황색포도상구균 잠복기는 평균 3시간, 살모넬라균 잠복기는 평균 18시간, 장염비브리오 잠복기는 12시간, 장구균 잠복기는 13시간이다.

20 다음 중 소분 판매를 할 수 있는 식품은?

① 빵가루 ② 식초
③ 식용유지 ④ 전분

해설
냉동식품, 어육제품, 식초, 통조림, 병조림, 레토르트 식품은 소분 판매해서는 안 된다.

21 단맛 성분에 소량의 짠맛 성분을 혼합할 때 단맛이 증가하는 현상은?

① 맛의 상쇄현상 ② 맛의 억제현상
③ 맛의 변조현상 ④ 맛의 대비현상

해설
• 맛의 상쇄현상 : 두 종류의 맛 성분이 혼재되어 각각의 맛을 느낄 수 없는 현상
• 맛의 변조현상 : 한 가지 맛 성분을 먹은 직후 다른 맛을 먹으면 원래의 맛을 다르게 느끼는 현상

22 간장, 다시마 등의 감칠맛을 내는 주된 아미노산은?

① 트레오닌(Threonine)
② 리신(Lysine)
③ 글루탐산(Glutamic Acid)
④ 알라닌(Alanine)

해설
글루탐산은 신맛과 감칠맛을 낸다.

정답
15 ② **16** ④ **17** ④ **18** ④ **19** ④ **20** ① **21** ④ **22** ③

23 수분 70g, 당질 40g, 섬유질 7g, 단백질 5g, 무기질 4g, 지방 3g이 들어 있는 식품의 열량은?

① 165kcal
② 178kcal
③ 198kcal
④ 207kcal

해설

당질은 1g당 4kcal, 단백질은 1g당 4kcal, 지방은 1g당 9kcal의 열량을 발생하며 수분, 섬유질, 무기질은 열량을 발생시키지 않는다. 따라서 (40×4)+(5×4)+(3×9)=207kcal이다.

24 조미의 기본 순서로 가장 옳은 것은?

① 설탕 → 소금 → 간장 → 식초
② 설탕 → 식초 → 간장 → 소금
③ 소금 → 식초 → 간장 → 설탕
④ 간장 → 설탕 → 식초 → 소금

해설

• 조미료는 분자량이 적을수록 빨리 침투하게 되어 분자량이 큰 순으로 첨가해야 한다.
• 설탕 → 술 → 소금 → 간장 → 식초 → 된장 → 고추장 → 화학조미료의 순으로 넣는다.

25 안식향산(Benzoic Acid)의 사용목적은?

① 식품의 산미를 내기 위하여
② 식품의 부패를 방지하기 위하여
③ 유지의 산화를 방지하기 위하여
④ 식품의 향을 내기 위하여

해설

안식향산
미생물 증식을 억제하여 식품의 영양가, 신선도를 단시간, 장시간 보존을 위하여 사용된다.

26 HACCP의 7가지 원칙에 해당하지 않는 것은?

① 회수명령의 기준 설정
② 개선조치 방법 수립
③ 중요관리점 결정
④ 위해요소 분석

해설

HACCP의 7가지 원칙
위해요소 분석 → 중요관리점 결정 → 중요관리점에 대한 한계기준 설정 → 중요관리점 모니터링 체계 확립 → 개선조치 방법 수립 → 검증절차 및 방법 수립 → 문서화 → 기록유지 방법 설정

27 우유 가공품이 아닌 것은?

① 액상발효유
② 마시멜로
③ 버터
④ 치즈

해설

마시멜로는 달걀흰자, 설탕, 젤라틴을 넣어 만든 과자이다.

28 고열장애로 인한 직업병이 아닌 것은?

① 열경련
② 일사병
③ 열쇠약
④ 참호족

해설

• 저온환경 직업병 : 참호족, 동상
• 고압환경 직업병 : 잠함병
• 저압환경 직업병 : 고산병
• 분진 직업병 : 진폐증, 규폐증

29 육가공품 발색제 사용으로 인한 아질산과 아민의 반응 생성물은?

① 에틸카바메이트(Ethylcarbamate)
② 다환방향족탄화수소(Polycyclic Aromatic Hydrocarbon)
③ 엔-니트로소아민(N-nitrosoamine)
④ 메탄올(Methanol)

해설

엔-니트로소아민은 육가공 발색제이다.

30 다음 중 대장균의 최적증식온도 범위는?

① 0~5℃   ② 5~10℃

③ 30~37℃   ④ 55~75℃

해설

대장균의 최적증식온도 30~37℃이다.

31 모든 미생물을 제거하여 무균 상태로 하는 조작은?

① 소독   ② 살균

③ 멸균   ④ 정균

해설

멸균

물체의 표면과 내부에 존재하는 모든 곰팡이, 세균, 바이러스, 원생동물 등의 영양세포 및 포자를 사멸시킨다.

32 60℃에서 30분간 가열하면 식품 안전에 위해가 되지 않는 세균은?

① 살모넬라균

② 클로스트리디움 보툴리늄균

③ 황색포도상구균

④ 장구균

해설

살모넬라균은 끓이면 파괴된다.

33 육류의 발색제로 사용되는 아질산염이 산성 조건에서 식품 성분과 반응하여 생성되는 발암성 물질은?

① 지질 과산화물(Aldehyde)

② 벤조피렌(Benzopyrene)

③ 니트로사민(Nitrosamine)

④ 포름알데히드(Formaldehyde)

해설

포유동물의 소화 과정에서 생성된 질산염은 잠재적인 발암물질인 니트로사민(Nitrosamine)을 형성한다.

34 사용이 허가된 산미료는?

① 구연산   ② 계피산

③ 만니톨   ④ 초산에틸

해설

구연산은 레몬이나 감귤류 등 자연식품(천연)에 가장 많이 함유되어 있어 1일 섭취 허용량 제한이 필요하지 않는 첨가물이다.

35 식품과 자연 독의 연결이 맞는 것은?

① 독버섯 – 솔라닌(Solanine)

② 감자 – 무스카린(Muscarine)

③ 살구씨 – 파세오루나틴(Phaseolunatin)

④ 목화씨 – 고시폴(Gossypol)

해설

감자독 – 솔라닌, 독버섯 – 무스카린, 살구씨 · 청매 – 아미그달린

36 식품첨가물 중 보존료의 목적을 가장 잘 표현한 것은?

① 산도 조절

② 미생물에 의한 부패 방지

③ 산화에 의한 변패 방지

④ 가공 과정에서 파괴되는 영양소 보충

해설

대표적인 보존료

아황산나트륨, 무수아황산, 소르빈산, 소르빈산칼륨, 데히드로초산나트륨

37 알레르기성 식중독을 유발하는 세균은?

① 병원성 대장균(E.coli 0157 : H7)

② 모르가넬라 모르가니(Morganella morganii)

③ 엔테로박터 사카자키(Enterobacter sakazakii)

④ 비브리오 콜레라(Vibrio cholerae)

해설

모르간균

통성혐기성의 그람음성간균으로 편모가 있어 운동성을 나타낸다. 건강인의 분변에서도 검출된다.

정답

30 ③   **31** ③   **32** ①   **33** ③   **34** ①   **35** ④   **36** ②   **37** ②

38 식품위생 수준의 향상을 위하여 필요한 경우 조리사에게 교육을 받을 것을 명할 수 있는 자는?

① 관할시장
② 보건복지부장관
③ 식품의약품안전처장
④ 관할 경찰서장

해설

식품위생법 제56조 제1항에 따라 조리사와 영양사는 식품을 대량 조리하여 특정 다수인에게 음식물을 공급하는 특성상 식중독발생 우려가 있으므로 식품의약품안전처장은 교육을 받을 것을 명할 수 있다.

39 즉석판매제조 · 가공업소 내에서 소비자에게 원하는 만큼 덜어서 직접 최종 소비자에게 판매하는 대상 식품이 아닌 것은?

① 된장
② 식빵
③ 우동
④ 어육제품

해설

식품의약품안전처는 어육제품, 병조림 제품 등의 소분판매를 위생상의 이유로 금지하고 있다.

40 식품위생법상 조리사가 식중독이나 그 밖에 위생과 관련한 중대한 사고 발생의 직무상 책임에 대한 1차 위반 시 행정처분기준은?

① 시정명령
② 업무정지 1개월
③ 업무정지 2개월
④ 면허취소

해설

식중독 관련 중대한 사고발생 시 1차 위반은 업무정지 1개월, 2차 위반은 업무정지 2개월, 3차 위반은 면허취소 처분이다.

41 식품위생법상 식품접객업 영업을 하려는 자는 몇 시간의 식품위생교육을 미리 받아야 하는가?

① 2시간　　② 4시간
③ 6시간　　④ 8시간

해설

식품접객업 영업을 하려는 자나 집단급식소를 설치 · 운영하려는 자는 6시간 교육을 받아야 한다.

42 카제인(Casein)은 어떤 단백질에 속하는가?

① 당단백질　　② 지단백질
③ 도단백질　　④ 인단백질

해설

인단백질은 인산을 포함하는 복합단백질이다.

43 전분 식품의 노화를 억제하는 방법으로 적합하지 않은 것은?

① 설탕을 첨가한다.
② 식품을 냉장 보관한다.
③ 식품의 수분 함량을 15% 이하로 한다.
④ 유화제를 사용한다.

해설

전분(밥)은 냉장고에 보관하면 노화를 촉진시키다.

44 열에 민감한 제품을 포장하는 방법으로 사용 후 폐기성이 우수하고 밀봉법을 이용하는 저장방법은?

① 산 저장
② 자외선 저장
③ 무균포장 저장
④ CA 저장

해설

무균포장방법은 충진, 밀봉법으로 우유, 컵라면, 즉석 밥 등이 있다.

정답

38 ③　39 ④　40 ②　41 ③　42 ④　43 ②　44 ③

45 유지를 가열할 때 생기는 변화에 대한 설명으로 틀린 것은?

① 유리지방산의 함량이 높아지므로 발연점이 낮아진다.
② 연기 성분으로 알데히드(Aldehyde), 케톤(Ketone) 등이 생성된다.
③ 요오드값이 높아진다.
④ 중합반응에 의해 점도가 증가된다.

해 설
유지를 고온에서 장시간 가열하거나 자동산화가 진행되면 불포화지방산은 이중결합 구조가 분해되므로 요오드가는 낮아지게 된다.

46 완두콩 통조림을 가열하여도 녹색이 유지되는 것은 어떤 색소 때문인가?

① Chlorophyll(클로로필)
② Cu-chlorophyll(구리-클로로필)
③ Fe-chlorophyll(철-클로로필)
④ Chlorophylline(클로로필린)

해 설
구리-클로로필은 마그네슘을 구리 이온으로 치환한 것으로 색소 고정에 유용하다.

47 신맛 성분과 주요 소재 식품의 연결이 틀린 것은?

① 구연산(Citric Acid) - 감귤류
② 젖산(Lactic Acid) - 김치류
③ 호박산(Succinic Acid) - 늙은 호박
④ 주석산(Tartaric Acid) - 포도

해 설
호박산은 조개류에 다량 함유되어 있다.

48 미생물의 생육에 필요한 수분활성도의 크기로 옳은 것은?

① 세균>효모>곰팡이
② 곰팡이>세균>효모
③ 효모>곰팡이>세균
④ 세균>곰팡이>효모

해 설
세균>효모>곰팡이의 순으로 곰팡이는 수분을 많이 필요로 하지 않는다.

49 달걀 100g 중에 당질 5g, 단백질 8g, 지질 44g이 함유되어 있다면 달걀 5개의 열량은 얼마인가?(단, 달걀 1개의 무게는 50g이다)

① 91.6kcal
② 229kcal
③ 274kcal
④ 458kcal

해 설
• 당질 1g당 4kcal, 단백질 1g당 4kcal, 지방 1g당 9kcal이므로, $(4 \times 5) + (8 \times 4) + (4.4 \times 9) = 91.6$이다.
• 달걀 1개의 무게 50g이므로 달걀 5개의 열량은 50g×5개 =250g이다.
$$100 : 91.6 = 250 : x$$
$$100 = 91.6 \times 250$$
$$x = \frac{91.6 \times 250}{250} \quad \therefore x = 229$$

50 근채류 중 생식하는 것보다 기름에 볶는 조리법을 적용하는 것이 좋은 식품은?

① 무   ② 고구마
③ 토란   ④ 당근

해 설
베타카로틴이 풍부한 당근은 지용성으로 기름에 볶아야 흡수율이 높다.

51 다음 중 단백가가 가장 높은 것은?

① 소고기   ② 달걀

③ 대두   ④ 버터

해설

단백가는 영양가를 나타내는 수치로, 달걀은 단백가 100이다.

52 가정에서 많이 사용되는 다목적 밀가루는?

① 강력분   ② 중력분

③ 박력분   ④ 초강력분

해설

중력분은 강력분과 박력분의 중간으로, 가정에서 가장 많이 사용하고 국수나 만두피를 만들 때 사용된다. 강력분은 식빵, 마카로니, 스파게티 면에 사용하고, 박력분은 카스텔라, 튀김, 케이크 만들 때 사용된다.

53 산성 식품에 해당하는 것은?

① 곡류   ② 사과

③ 감자   ④ 시금치

해설

곡류는 식물로 자라지만, 산성식품으로 분류된다.

54 아미노산, 단백질 등이 당류와 반응하여 갈색 물질을 생성하는 반응은?

① 폴리페놀 옥시다제(Polyphenol Oxidase)

② 마이야르(Maillard) 반응

③ 캐러멜화(Caramelization) 반응

④ 티로시나아제(Tyrosinase) 반응

해설

비효소적 갈변인 마이야르 반응은 에너지 공급이 없어도 자연 발생적으로 일어난다.

55 제조 과정 중 단백질 변성에 의한 응고 작용 이 일어나지 않는 것은?

① 치즈 가공   ② 두부 제조

③ 달걀 삶기   ④ 딸기잼 제조

해설

딸기잼은 단백질 반응이 아니다.

56 난황에 주로 함유되어 있는 색소는?

① 클로로필

② 안토시아닌

③ 카로티노이드

④ 플라보노이드

해설

난황에 함유되어 있는 색소는 카로티노이드색소로, 과일과 채소류에서도 발견되는 천연색이다.

57 튀김옷의 재료에 관한 설명으로 틀린 것은?

① 중조를 넣으면 탄산가스가 발생하면서 수분 도 증발되어 바삭하게 된다.

② 달걀을 넣으면 달걀 단백질의 응고로 수분 흡 수가 방해되어 바삭하게 된다.

③ 글루텐 함량이 높은 밀가루가 오랫동안 바삭 한 상태를 유지한다.

④ 얼음물에 반죽을 하면 점도를 낮게 유지하여 바삭하게 된다.

해설

튀김용 밀가루는 박력분을 사용하며, 글루텐 함량 10% 이하 이다.

58 식품 구매 시 폐기율을 고려한 총 발주량을 구하는 식은?

① 총발주량＝(100－폐기율)×100×인원수

② 총발주량＝[(정미중량－폐기율)/(100－가식 률)]×100

③ 총발주량＝(1인당 사용량－폐기율)×인원수

④ 총발주량＝[정미중량/(100－폐기율)]×100× 인원수

해설

조리준비 단계에서 식품의 폐기량을 측정하여 가식부분을 산출해 발주하는 것이 좋다.

정답

51 ②   **52** ②   **53** ①   **54** ②   **55** ④   **56** ③   **57** ③   **58** ④

59 달걀의 기능을 이용한 음식의 연결이 잘못된 것은?

① 응고성 – 달걀찜

② 팽창제 – 시폰케이크

③ 간섭제 – 맑은 장국

④ 유화성 – 마요네즈

해 설
간섭제는 캔디, 셔벳, 아이스크림에 이용된다.

60 냉장고 사용방법으로 틀린 것은?

① 뜨거운 음식은 식혀서 냉장고에 보관한다.

② 문을 여닫는 횟수를 가능한 줄인다.

③ 온도가 낮으므로 식품을 장기간 보관해도 안전하다.

④ 식품의 수분이 건조되므로 밀봉하여 보관한다.

해 설
온도가 낮다하여도 식품을 장기간 보관하는 것은 좋지 않다.

2014년 기출복원문제 제2회

01 식품을 고를 때 채소류의 감별법으로 틀린 것은?

① 오이는 굵기가 고르며 만졌을 때 가시가 있고 무거운 느낌이 나는 것이 좋다.

② 당근은 일정한 굵기로 통통하고 마디나 뿔이 없는 것이 좋다.

③ 양배추는 가볍고 잎이 얇으며 신선하고 광택이 있는 것이 좋다.

④ 우엉은 껍질이 매끈하고 수염뿌리가 없는 것으로 굵기가 일정한 것이 좋다.

해설

양배추는 무겁고 잎이 단단한 것이 좋다.

02 조리장의 설비에 대한 설명 중 부적합한 것은?

① 조리장의 내벽은 바닥으로부터 5cm까지 수성 자재로 한다.

② 충분한 내구력이 있는 구조여야 한다.

③ 조리장에는 식품 및 식기류의 세척을 위한 위생적인 세척시설을 갖춘다.

④ 조리원 전용의 위생적 수세 시설을 갖춘다.

해설

바닥으로부터 1m까지 타일 등은 내수성 자재로 한다.

03 고추장에 대한 설명으로 틀린 것은?

① 고추장은 곡류, 메주가루, 소금, 고춧가루, 물을 원료로 제조한다.

② 고추장의 구수한 맛은 단백질이 분해하여 생긴 맛이다.

③ 고추장은 된장보다 단맛이 더 약하다.

④ 고추장의 전분 원료로 찹쌀가루, 보릿가루, 밀가루를 사용한다.

해설

고추장이 된장보다 단맛이 더하고 덜 짜다.

04 다음 원가의 구성에 해당하는 것은?

① 판매가격 ② 간접원가

③ 제조원가 ④ 총원가

해설

원가구성요소
제조원가, 노무비, 경비

05 조리 시 일어나는 현상과 그 원인으로 연결이 틀린 것은?

① 장조림 고기가 단단하고 잘 찢어지지 않음 – 물에 양념간장을 넣어 약한 불로 서서히 조렸기 때문

② 튀긴 도넛에 기름 흡수가 많음 – 낮은 온도에서 튀겼기 때문

③ 오이무침의 색이 누렇게 변함 – 식초를 미리 넣었기 때문

④ 생선을 굽는데 석쇠에 붙어 잘 떨어지지 않음 – 석쇠를 달구지 않았기 때문

해설

장조림을 요리할 때 처음부터 간장을 넣으면 염분에 의한 수축작용으로 콜라겐이 젤라틴화 되기 전에 고기 내의 수분이 빠져나와 질겨진다.

정답
01 ③ 02 ① 03 ③ 04 ③ 05 ①

06 식단을 작성할 때 구비해야 하는 자료로 가장 거리가 먼 것은?

① 계절식품표

② 비, 기기 위생점검표

③ 대치식품표

④ 식품영양구성표

기기 위생점검표는 조리실 위생점검 시 필요하다.

07 탈수가 일어나지 않으면서 간이 맞도록 생선을 구우려면 일반적으로 생선 중량 대비 소금의 양은 얼마가 가장 적당한가?

① 0.1%

② 2%

③ 16%

④ 20%

생선에 밑간을 할 때 소금 사용량은 2~5%가 적당하다.

08 감자 100g이 72kcal의 열량을 낼 때, 감자 450g의 열량을 구하시오?

① 224kcal

② 304kcal

③ 324kcal

④ 384kcal

$100 : 72 = 450 : x \rightarrow 450 \times 72 \div 100 x = 324$kcal

09 약과를 반죽할 때 필요 이상으로 기름과 설탕을 넣으면 어떤 현상이 일어나는가?

① 매끈하고 모양이 좋아진다.

② 튀길 때 둥글게 부푼다.

③ 튀길 때 모양이 풀어진다.

④ 켜가 좋게 생긴다.

밀가루 반죽에 기름을 적당히 넣으면 부드럽고 바삭한 맛을 내지만, 과다 사용한 경우 모양이 풀어진다.

10 육류 조리에 대한 설명으로 맞는 것은?

① 육류를 오래 끓이면 질긴 지방조직인 콜라겐이 젤라틴화 되어 국물이 맛있게 된다.

② 목심, 양지, 사태는 건열 조리에 적당하다.

③ 편육을 만들 때 고기는 처음부터 찬물에서 끓인다.

④ 육류를 찬물에 넣어 끓이면 맛 성분 용출이 용이해져 국물 맛이 좋아진다.

육류 조리 시 육수를 끓일 때는 찬물부터 고기를 넣고, 수육용으로 조리할 때는 물이 끓었을 때 고기를 넣어야 육즙이 빠져 나오는 것을 막을 수 있다.

11 단체급식에서 식품의 재고관리에 대한 설명으로 틀린 것은?

① 각 식품에 적당한 재고기간을 파악하여 이용하도록 한다.

② 식품의 특성이나 사용 빈도 등을 고려하여 저장 장소를 정한다.

③ 비상시를 대비하여 가능한 한 많은 재고량을 확보할 필요가 있다.

④ 먼저 구입한 것은 먼저 소비한다.

식품에 따라 유통기한을 고려하여 구입한다.

12 식혜에 대한 설명으로 틀린 것은?

① 전분이 아밀라아제에 의해 가수분해 되어 맥아당과 포도당을 생성한다.

② 밥을 지은 후 엿기름을 부어 효소반응이 잘 일어나도록 한다.

③ 80℃의 온도가 유지되어야 효소반응이 잘 일어나 밥알이 뜨기 시작한다.

06 ② **07** ② **08** ③ **09** ③ **10** ④ **11** ③ **12** ③

④ 식혜 물에 뜨기 시작한 밥알은 건져내어 냉수에 헹구어 놓았다가 차게 식힌 식혜에 띄워낸다.

해설

식혜의 발효온도는 55~60℃이다.

13 중조를 넣어 콩을 삶을 때 가장 문제가 되는 것은?

① 비타민 B₁의 파괴가 촉진됨
② 콩이 잘 무르지 않음
③ 조리수가 많이 필요함
④ 조리시간이 길어짐

해설

중조 사용은 시간을 단축하고, 색 고정에는 좋으나 비타민 B₁의 파괴가 촉진된다.

14 고기를 연하게 하기 위해 사용하는 과일에 들어 있는 단백질 분해효소가 아닌 것은?

① 피신(Ficin)
② 브로멜린(Bromelin)
③ 파파인(Papain)
④ 아밀라아제(Amylase)

해설

아밀라아제는 전분(녹말) 분자를 가수분해하는 효소를 말한다.

15 찹쌀떡이 멥쌀떡보다 더 늦게 굳는 이유는?

① pH가 낮기 때문에
② 수분 함량이 적기 때문에
③ 아밀로오스의 함량이 많기 때문에
④ 아밀로펙틴의 함량이 많기 때문에

해설

• 아밀로펙틴 함량은 음식을 더디 굳게 한다.
• 아밀로펙틴은 찹쌀에 많고, 멥쌀은 아밀로오스 함량이 많다.

16 다음 중 일반적으로 폐기율이 가장 높은 식품은?

① 쇠고기
② 달걀
③ 생선
④ 곡류

해설

생선은 뼈 부분을 발라내면 먹을 수 있는 부분이 많이 줄어든다.

17 단시간에 조리되므로 영양소의 손실이 가장 적은 조리방법은

① 튀김
② 볶음
③ 구이
④ 조림

해설

튀김은 고온에서 단시간 조리하므로 영양소의 손실이 가장 적다. 튀김 다음은 볶음 조리법이다.

18 다음 중 가장 강한 살균력을 갖는 것은?

① 적외선
② 자외선
③ 가시광선
④ 근적외선

해설

자외선 살균력은 대장균, 디프테리아균, 이질균 등을 죽일 때 사용된다.

19 호흡기계 감염병이 아닌 것은?

① 백일해
② 홍역
③ 폴리오
④ 디프테리아

해설

폴리오는 소화기계 감염병이다.

20 학교 급식의 교육 목적으로 옳지 않은 것은?

① 편식 교육

② 올바른 식생활 교육

③ 빈곤 아동들의 급식 교육

④ 영양에 대한 올바른 교육

> **해설**
>
> 학교 급식의 교육 목적
>
> 편식 교육, 올바른 식생활 교육, 영양에 대한 올바른 교육

21 채소로부터 감염되는 기생충으로 짝지어진 것은?

① 편충, 동양모양선충

② 폐흡충, 회충

③ 구충, 선모충

④ 회충, 무구조충

> **해설**
>
> • 채소로부터 감염되는 기생충은 회충, 촌충, 요충, 십이지장충, 편충이다.
> • 구충이란, 사람의 뱃속에 사는 기생충의 아홉 종류를 말한다.

22 감각온도의 3요소가 아닌 것은?

① 기온

② 기습

③ 기류

④ 기압

> **해설**
>
> 감각온도 3요소에 기압은 아니다.

23 인수공통 감염병에 속하지 않는 것은?

① 광견병

② 탄저

③ 고병원성조류인플루엔자

④ 백일해

> **해설**
>
> 백일해는 호흡기계 감염병으로 전염률이 80% 정도로 높다. 특히 소아에게 치명적이다.

24 아메바에 의해서 발생되는 질병은?

① 장티푸스

② 콜레라

③ 유행성 간염

④ 이질

> **해설**
>
> 아메바성 이질은 주로 환자의 대변과 야채 등에 묻은 것을 섭취함으로써 감염된다. 세균성 이질보다는 높지 않다.

25 폐기물 소각처리 시의 가장 큰 문제점은?

① 악취가 발생되며 수질이 오염된다.

② 다이옥신이 발생한다.

③ 처리방법이 불쾌하다.

④ 지반이 약화되어 균열이 생길 수 있다.

> **해설**
>
> 쓰레기를 태우면서 발생하는 연기가 다이옥신이다.

26 공중보건사업과 거리가 먼 것은?

① 보건교육

② 구보건

③ 감염병 치료

④ 보건행정

> **해설**
>
> 공중보건은 예방을 목적으로 한다.

27 *Staphylococcus aureus* 균이 분비하는 장독소가 원인이 되는 식중독은?

① 살모넬라 식중독

② 장염비브리오 식중독

③ 병원성대장균 식중독

④ 황색포도상구균 식중독

> **해설**
>
> Staphylococcus aureus(황색포도상구균)

정답

20 ③ **21** ① **22** ④ **23** ④ **24** ④ **25** ② **26** ③ **27** ④

28 유독성 금속화합물에 의한 식중독을 일으킬 수 있는 경우는?

① 철분강화식품
② 요오드강화 밀가루
③ 칼슘강화우유
④ 종자살균용 유기수은제 처리 콩나물

해설

수은은 언어장애, 지각장애 등을 일으키는 유독물질이다.

29 자외선 살균 등의 특징과 거리가 먼 것은?

① 사용법이 간단하다.
② 조사대상물에 거의 변화를 주지 않는다.
③ 잔류효과는 없는 것으로 알려져 있다.
④ 유기물 특히 단백질이 공존 시 효과가 증가한다.

해설

단백질이 공존 시 효과가 감소한다.

30 과채류의 품질유지를 위한 피막제로만 사용되는 식품첨가물은?

① 실리콘수지
② 몰포린지방산염
③ 인산나트륨
④ 만니톨

해설

몰포린지방산염은 과실류, 과채류 표피에 피막제용도 외에 사용해서는 안 된다.

31 식중독에 관한 설명으로 틀린 것은?

① 자연독이나 유해물질이 함유된 음식물을 섭취함으로써 생긴다.
② 발열, 구역질, 구토, 설사, 복통 등의 증세가 나타난다.
③ 세균, 곰팡이, 화학물질 등이 원인물질이다.
④ 대표적인 식중독은 콜레라, 세균성이질, 장티푸스 등이 있다.

해설

콜레라, 세균성이질, 장티푸스는 수인성 전염병이다.

32 식품의 부패 정도를 측정하는 지표로 가장 거리가 먼 것은?

① 휘발성염기질소(VBN)
② 트리메틸아민(TMA)
③ 수소이온농도(pH)
④ 총질소(TN)

해설

총질소 측정은 수질환경 오염 등의 측정에 사용되는 방법이다.

33 단백질이 탈탄산 반응에 의해 생성되어 알레르기성 식중독의 원인이 되는 물질은?

① 암모니아
② 아민류
③ 지방산
④ 알코올류

해설

탈탄산 반응은 아미노산에서 이산화탄소를 잃거나 떼어내는 것이다.

34 곰팡이독(Mycotoxin) 중에서 간장독을 일으키는 독소가 아닌 것은?

① 아이스란디톡신(Islanditoxin)
② 시트리닌(Citrinin)
③ 아플라톡신(Aflatoxin)
④ 루테오스키린(Luteolysin)

해설

시트리닌은 푸른곰팡이의 생성물질로 신장독을 일으킨다.

35 식품위생법상 식품첨가물이 식품에 사용되는 방법이 아닌 것은?

① 침윤

② 반응

③ 첨가

④ 혼입

해설

침윤, 혼합, 첨가이다(반응은 물질의 성질이나 구조가 변하는 것).

36 유기합성의 중간체로 사용되며, 과실주 발효 과정에서도 미량 생성되는 발암물질은?

① 에틸카바메이트(Ethylcarbamate)

② 다환방향족탄화수소(Polycystic Aromatic Hydrocarbon)

③ 엔-니트로소아민(N-nitrosoamine)

④ 메탄올(Methanol)

해설

'에틸카바메이트'는 양조간장을 장시간 끓일 때 생성되는 물질이기도 하다.

37 식품 등을 가공하는 영업자가 식품 등의 기준과 규격에 맞는지 자체적으로 검사하는 것을 일컫는 식품위생법상의 용어는?

① 제품검사

② 자가품질검사

③ 수거검사

④ 정밀검사

해설

자가품질검사란 식품 등을 제조 · 가공하는 영업자가 식품 등을 유통 · 판매하기 전에 당해 식품 등의 기준과 규격에 적합 여부를 자체적으로 확인하는 검사를 말한다.

38 식품위생법상 영업신고 대상 업종이 아닌 것은?

① 위탁급식영업

② 식품냉동 · 냉장업

③ 즉석판매제조 · 가공업

④ 양곡가공업 중 도정업

해설

양곡가공업 중 도정업은 영업신고대상 아니다.

39 식품위생의 대상에 해당되지 않는 것은?

① 과자

② 어묵

③ 소시지

④ 비타민 C약제

해설

의약품 등 약제는 식품이 아니다.

40 중온균 증식의 최적온도는?

① 10~20℃   ② 25~37℃

③ 55~60℃   ④ 40~75℃

해설

미생물 생육에 필요한 최적 온도는 25~37℃이다.

41 아래는 식품위생법상 교육에 관한 내용이다. ( ) 안에 알맞은 것을 순서대로 나열하면?

> (   )은 식품위생 수준 및 자질의 향상을 위하여 필요한 경우 조리사와 영양사에게 교육을 받을 것을 명할 수 있다. 다만, 집단급식소에 종사하는 조리사와 영양사는 (   )교육을 받아야 한다.

① 식품의약품안전처장, 1년

② 식품의약품안전처장, 2년

③ 보건복지부장관, 1년

④ 보건복지부장관, 2년

42 한식의 조림이나 아귀찜을 만들 때 전분을 물에 풀어서 넣을 때 용액의 성질은?

① 젤(Gel)　　　② 현탁액
③ 유화액　　　④ 콜로이드 용액

해설
녹말은 다당류에 속하는 고분자 물질로써 물에는 녹지 않으나 가열을 하면 녹아서 콜로이드 상태의 졸이 되는 성질이 있다. 이러한 성질을 이용해 낙지볶음, 해물덮밥 등에 이용된다.

43 산과 당이 존재하면 특징적인 젤(gel)을 형성하는 것은?

① 섬유소(Cellulose)
② 펙틴(Pectin)
③ 전분(Stsrch)
④ 글리코겐(Glycogen)

해설
과일이 익을 때 젤리화를 촉진하며, 설탕을 넣어 열을 가하면 펙틴이 녹아 잼이 만들어진다.

44 식혜는 엿기름 중의 어떠한 성분에 의하여 전분이 당화를 일으키게 되는가?

① 지방　　　② 단백질
③ 무기질　　　④ 효소

해설
엿기름의 당화분해효소에 의해서다.

45 유지의 산패를 차단하기 위해 상승제(Synergist)와 함께 사용하는 물질은?

① 보존제
② 발색제
③ 항산화제
④ 표백제

해설
유지는 공기와의 접촉을 방해해 산패를 억제시킨다.

46 안토시아닌 색소를 함유하는 과일의 붉은색을 보존하려고 할 때 가장 좋은 방법은?

① 식초를 가한다.
② 중조를 가한다.
③ 소금을 가한다.
④ 수산화나트륨을 가한다.

해설
안토시아닌 색소는 보라색을 뛰는데 가지, 포도, 자색양파에 많다.

47 식품의 동결건조에 이용되는 주요 현상은?

① 융해　　　② 기화
③ 승화　　　④ 액화

해설
동결건조 방식은 어는점 이하의 온도로 동결시킨 상태로 승화에 의해 수분을 제거하는 방식이다[에 즉석식품(라면수프)].

48 식품이 나타내는 수증기압이 0.9이고, 그 온도에서 순수한 물의 수증기압이 15일 때 식품의 수분활성도는?

① 0.7　　　② 0.6
③ 0.65　　　④ 0.8

해설
수분활성도 = $\dfrac{\text{식품이 나타내는 수증기압}}{\text{순수한 물의 최대 수증기압}}$ = $\dfrac{0.9}{1.5}$ = 0.6

49 식품의 응고제로 쓰이는 수산물 가공품은?

① 젤라틴
② 셀룰로오스
③ 한천
④ 펙틴

해설
한천은 우뭇가사리를 주재료로 하여 동결건조 방식으로 만들어진다.

정답
42 ④　43 ②　44 ④　45 ③　46 ①　47 ③　48 ②　49 ③

50 육류 조리 과정 중 색소의 변화 단계로 바른 것은?

① 미오글로빈 → 옥시미오글로빈 → 메트미오
글로빈 → 헤마틴
② 옥시미오글로빈 → 미오글로빈 → 메트미오
글로빈 → 헤마틴
③ 미오글로빈 → 메트미오글로빈 → 옥시미오
글로빈 → 헤마틴
④ 메트미오글로빈 → 옥시미오글로빈 → 미오
글로빈 → 헤마틴

해설
미오글로빈이 산소와 결합 옥시미오글로빈으로, 또 변화과정
을 거쳐 메트미오글로빈이 되고 더 가열하면 헤마틴으로 변성
한다.

51 식품의 수분활성도를 올바르게 설명한 것은?

① 임의의 온도에서 식품이 나타내는 수증기압
에 대한 같은 온도에 있어서 순수한 물의 수
증기압의 비율
② 임의의 온도에서 식품이 나타내는 수증기압
③ 임의의 온도에서 식품의 수분 함량
④ 임의의 온도에서 식품과 물량의 순수한 물의
최대 수증기압

해설
수분활성도는 삼투압과도 연관되어 있다.

52 당지질인 Cerebroside(세레브로 사이드)를 주로 구성하고 있는 당은?

① Raffinose
② Fructose
③ Galactose
④ Mannose

해설
다당류인 한천의 Galactan(갈락토오스)은 신경세포경의 수초
(Myelin)를 이루는 Cerebroside의 주요 구성 성분이다.

53 강화미란 주로 어떤 성분을 보충한 쌀인가?

① 비타민 A
② 비타민 B_1
③ 비타민 D
④ 비타민 C

해설
도정 과정에서 쌀눈에 함유된 비타민 B_1, B_2의 손실된 부분을
보충한 것이다.

54 김치류의 신맛 성분이 아닌 것은?

① 초산(Acetic Acid)
② 호박산(Succinic Acid)
③ 젖산(Lactic Acid)
④ 수산(Oxalic Acid)

해설
수산(Oxalic Acid)은 유독한 염기산으로 피부 살균제, 소독제
및 화학시약으로도 사용된다.

55 아미노 카르보닐 반응에 대한 설명 중 틀린 것은?

① 마이야르 반응(Maillard Reaction)이라고도
한다.
② 당의 카르보닐 화합물과 단백질 등의 아미노
기가 관여하는 반응이다.
③ 갈색 색소인 캐러멜을 형성하는 반응이다.
④ 비효소적 갈변 반응이다.

해설
캐러멜 반응은 당의 가열에 의한 반응이고, 아미노 카르보닐
반응은 당과 아미노산의 가열에 의한 생성물이다.

56 우유가공품이 아닌 것은?

① 마요네즈   ② 버터
③ 아이스크림   ④ 치즈

해설
마요네즈는 달걀노른자로 만든다.

57 콩밥은 쌀밥에 비하여 특히 어떤 영양소의 보완에 좋은가?

① 단백질   ② 당질

③ 지방   ④ 비타민

해설

쌀에는 리신이 부족하고 콩에는 리신이 풍부하다. 콩+밥은 완전한 형태의 단백질 공급원이라 할 수 있다.

58 버터 대용품으로 생산되고 있는 식물성 유지는?

① 쇼트닝

② 마가린

③ 마요네즈

④ 땅콩버터

해설

천연 버터의 대용품으로 우유에 동·식물성 유지를 넣어 식힌 후 식염, 색소, 비타민류를 넣어 만든다.

59 식단 작성의 순서가 바르게 연결된 것은?

> A. 영양기준량 산출
> B. 식단표 작성
> C. 식품량의 산출
> D. 3식의 배분 결정

① D – B – A – C

② C – D – A – B

③ A – C – D – B

④ B – D – A – C

해설

1) 영양기준량 산출 : 연령, 성별, 노동의 강도 등을 고려하여 산출
2) 식품량의 산출 : 한국인의 영양권장량에 따른 식품군별, 식품구성별로 산
3) 3식의 배분 결정 : 하루에 필요한 영양섭취량에 따라 주식 1 : 1 : 1, 부식 1 : 1 : 2 또는 3 : 4 : 5
4) 식단표 작성 : 요리명, 식품명, 중량, 대치식품 단가 등을 기재 식단표 작성

60 매운맛을 내는 성분의 연결이 옳은 것은?

① 겨자 – 캡사이신(Capsaicin)

② 생강 – 호박산(Succinic Acid)

③ 마늘 – 알리신(Allicin)

④ 고추 – 진저롤(Finferol)

해설

겨자 – 시니그린, 생강 – 진저롤, 고추 – 캡사이신

정답
57 ①   58 ②   59 ③   60 ③

제03회 2015년 기출복원문제 제1회

01 쌀뜨물 같은 설사의 증상을 일으키는 경구감염병의 원인균은?

① 콜레라균

② 살모넬라균

③ 장염비브리오균

④ 모르가니균

해설

콜레라는 세균에 의한 감염병이며, 쌀뜨물과 같은 설사를 유발한다.

02 클로스트리디움 보툴리늄의 어떤 균형에 의해 식중독이 발생될 수 있는가?

① C형

② E형

③ G형

④ D형

해설

보툴리늄은 A, B, E형에 의해 식중독이 발생할 수 있다.

03 단백질 함량이 11% 정도인 밀가루로 만드는 것이 가장 좋은 것은?

① 피자

② 튀김

③ 케이크

④ 만두피

해설

• 글루텐 함량 13% 이상 : 식빵, 마카로니, 스파게티 등
• 글루텐 함량 10~13% : 국수, 만두피 등
• 글루텐 함량 10% 이하 : 케이크, 과자류, 튀김 등

04 생균을 이용하여 인공능동면역이 되며, 영구적으로 면역이 생길 수 있는 질병은?

① 폐렴

② 세균성이질

③ 홍역

④ 파상풍

해설

영구면역이 되는 질병으로는 홍역, 두창, 수두, 유행성이하선염, 백일해, 페스트, 황열, 콜레라 등이 있다.

05 우리나라의 4대 보험에 해당하지 않는 것은?

① 생명보험

② 고용보험

③ 산재보험

④ 국민연금

해설

우리나라의 4대 보험
국민연금, 건강보험, 고용보험, 산재보험

06 식품취급자가 손을 씻는 방법으로 적합하지 않은 것은?

① 역성비누액을 몇 방울 손에 받아 30초 이상 문지르고 흐르는 물로 씻는다.

② 살균효과를 증대시키기 위해 역성비누액과 일반비누액을 섞어 사용한다.

③ 팔에서 손으로 씻어 내려간다.

④ 손을 씻은 후 비눗물을 흐르는 물에 충분이 씻는다.

해설

역성비누는 일반비누액과 함께 섞어 쓰면 살균력이 떨어지므로, 일반비누로 먼저 세척한 후 역성비누로 살균해준다.

정답
01 ① **02** ② **03** ④ **04** ③ **05** ① **06** ②

07 식품위생법상 식품, 식품첨가물, 기구 또는 용기 · 포장에 기재하는 "표시"의 범위는?

① 문자, 숫자, 도형, 음향

② 문자, 숫자, 도형

③ 문자, 숫자

④ 문자

해설

식품위생법 제2조
식품, 식품첨가물, 기구 또는 용기 · 포장에 적는 문자, 숫자, 도형을 말한다.

08 간디스토마는 제2중간숙주인 민물고기 내에서 어떤 형태로 존재하다가 인체에 감염을 일으키는가?

① 피낭유충(Metacercaria)

② 레디아(Redia)

③ 유모유충(Miracidium)

④ 포자유충(Sporocyst)

해설

간디스토마(간흡충)는 제1중간숙주(왜우렁이)에서 부화하여 애벌레가 되고, 제2중간숙주(붕어, 잉어 등)의 근육 속에 피낭유충으로 존재하며 경구감염 된다.

09 식품위생법상 영업허가를 받아야 하는 업종이 아닌 것은?

① 유흥주점영업

② 즉석판매제조 · 가공업

③ 식품조사처리업

④ 단란주점영업

해설

• 영업허가를 받아야 하는 업종 : 식품조사처리업, 단란주점영업, 유흥주점영업
• 영업신고를 해야 하는 업종 : 즉석판매제조 · 가공업, 식품운반업, 식품소분 · 판매업, 식품냉동 · 냉장업, 휴게음식영업, 일반음식점영업, 위탁급식영업 및 제과점영업

10 식품의 변화에 관한 설명 중 옳은 것은?

① 일부 유지가 외부로부터 냄새를 흡수하지 않아도 이취현상을 갖는 것은 호정화이다.

② 마이야르 반응, 캐러멜화 반응은 비효소적 갈변이다.

③ 당질을 180~200℃의 고온으로 가열했을 때 갈색이 되는 것은 효소적 갈변이다.

④ 천연의 단백질이 물리, 화학적 작용을 받아 고유의 구조가 변하는 것은 변향이다.

해설

비효소적 갈변
• 캐러멜화 반응 : 당류를 180℃로 가열하면 녹으면서 끈적끈적하게 갈색을 띄는 물질로 변하는 현상이다.
• 아미노카르보닐 반응(마이야르 반응) : 아미노기와 카르보닐기가 공존할 때 일어나는 반응으로 멜라노이딘이 생성된다. 식빵이나 된장, 간장의 갈변을 말한다.
• 아스코르빈산의 산화반응 : 아스코르빈산이 항산화제로의 기능을 상실하고 갈색화 반응을 일으키는 것을 말한다. 오렌지, 감귤류 과일 주스의 갈변을 말한다.

11 내용물이 산성인 통조림이 개봉된 후 용해되어 나올 수 있는 유해금속은?

① 주석

② 비소

③ 아연

④ 카드뮴

해설

통조림 캔의 철이 녹스는 것을 막기 위해 주석을 코팅하는데, 통조림 내용물의 산성이 강하면 통조림 캔에서 주석이 흘러나올 수 있다.
• 비소 : 농약 등을 통해 중독될 수 있는 물질로 위장장애, 설사, 신경장애와 같은 증상이 나타날 수 있다.
• 아연 : 통조림관의 도금재료에 의해 발생하며 구토, 설사, 복통 등의 증상이 나타날 수 있다.
• 카드뮴 : 카드뮴이 공장폐수로부터 흘러나와 중독된 농작물과 어패류를 섭취하고 발생하는데 이타이이타이병이 증상으로 나타날 수 있다.

정답
07 ② **08** ① **09** ② **10** ② **11** ①

12 조리 작업에 사용되는 설비기능 이상 여부와 보호구 성능 유지 등에 대한 정기점검은 최소 1년에 몇 회 이상 실시해야 하는가?

① 1회   ② 2회

③ 3회   ④ 4회

> **해설**
>
> 최소 매년 1회 이상 정기점검을 행하고, 그 결과를 유지해야 한다.

13 주방 내 미끄럼 사고 원인이 아닌 것은?

① 바닥이 젖은 상태

② 낮은 조도로 인해 어두운 경우

③ 기름이 있는 바닥

④ 가리지 않은 시야

> **해설**
>
> 주방 내 미끄럼 사고 원인은 바닥이 젖어 있거나, 기름이 바닥에 있거나, 시야가 차단된 경우거나, 낮은 조도로 인해 어두운 경우거나, 매트가 주름진 경우거나, 노출된 전선이 있을 경우를 말한다.

14 다음 유화된 식품 중 유중수적형(W/O)은?

① 우유

② 버터

③ 마요네즈

④ 아이스크림

> **해설**
>
> 기름 중에 물이 분산되어 있는 것을 '유중수적형'이라고 한다. 버터, 마가린 등이 있다.

15 인구정지형으로 출생률과 사망률이 모두 낮아 가장 이상적 모형이라고 불리는 인구형은?

① 피라미드형   ② 별형

③ 종형   ④ 항아리형

> **해설**
>
> • 피라미드형 : 후진국(인구증가형)
> • 별형 : 도시형(인구유입형)

• 항아리형 : 선진국(인구감소형)
• 표주박형 : 농촌형(인구유출형)

16 식품 등의 표시기준상 과자류에 포함되지 않는 것은?

① 캔디류   ② 추잉껌

③ 유바   ④ 빙과류

> **해설**
>
> 유바는 두부 제조 시 콩물을 가열하면서 생기는 피막을 채취하여 만드는 두부류의 가공품이다. 과자류로 분류되는 것은 캔디류, 추잉껌, 빙과류 등이다.

17 다음 균에 의해 식사 후 식중독이 발생했을 경우 평균적으로 가장 빨리 식중독을 유발시킬 수 있는 원인균은?

① 장구균

② 리스테리아균

③ 포도상규균

④ 살모넬라균

> **해설**
>
> 잠복기
> 병원미생물이 사람 또는 동물의 체내에 침입하여 발병할 때까지의 기간을 말한다.
> • 포도상규균 잠복기 : 평균 3시간
> • 살모넬라균 잠복기 : 평균 18시간
> • 장구균의 잠복기 : 5~10시간
> • 리스테리아균 : 1~7일

18 과실 중 밀감이 쉽게 갈변되지 않는 가장 주된 이유는?

① 비타민 A의 함량이 많으므로

② 섬유소 함량이 많으므로

③ 비타민 C의 함량이 많으므로

④ Cu, Fe 등의 금속이온이 많으므로

> **해설**
>
> 영양소 중에 비타민 C와 비타민 E는 항산화 기능을 가지고 있다. 밀감은 그 중 비타민 C가 많이 함유되어 있어 쉽게 갈변되지 않는다.

정답
12 ①   **13** ④   **14** ②   **15** ③   **16** ③   **17** ③   **18** ③

19 식품 등의 표시기준을 수록한 식품 등의 공전을 작성, 보급하여야 하는 자는?

① 식품의약품안전처장

② 식품위생감시원

③ 시 · 도지사

④ 보건소장

[해설]

식품의약품안전처장은 식품 또는 식품첨가물, 기구 및 용기 · 포장의 기준과 규격, 식품 등의 표시기준 등을 실은 식품 등의 공전을 작성 · 보급하여야 한다.

20 주로 부패한 감자에 생성되어 중독을 일으키는 물질은?

① 시큐톡신(Cicutoxin)

② 마이코톡신(Mycotoxin)

③ 셉신(Sepsine)

④ 아미그달린(Amygdalin)

[해설]

감자에 난 싹의 독은 솔라닌, 부패한 감자의 중독 물질은 셉신이다.

21 식품의 분류에 대한 설명으로 틀린 것은?

① 식품은 수분과 고형물로 나눌 수 있다.

② 고형물은 유기질과 무기질로 나누어진다.

③ 유기질은 조단백질, 조지방, 탄수화물, 비타민으로 나누어진다.

④ 조단백질은 조섬유와 당질로 나누어진다.

[해설]

탄수화물은 조섬유와 당질로 나눈다.

22 죽을 만들고자 한다면 쌀에 몇 배의 물을 넣고 쑤어야 하는가?

① 2배 ② 4배

③ 6배 ④ 8배

[해설]

죽은 곡물에 쌀의 6~7배 정도의 물을 넣고 오래 끓여서 녹말의 상태가 완전 호화 상태까지 푹 무르게 만든 유동식 상태의 음식이다.

23 된장이 숙성된 후 얼마 안 되어 산패가 일어나 신맛이 생기거나 색이 진하게 되는 이유가 아닌 것은?

① 프로테아제 생산

② Fe_2^+ 또는 Cu_2^+가 많은 물 사용

③ 수분 과다

④ 염분 부족

[해설]

프로테아제는 단백질을 분해해주는 효소이다.

24 발생 형태를 기준으로 했을 때의 원가분류는?

① 개별비, 공통비

② 직접비, 간접비

③ 재료비, 노무비, 경비

④ 고정비, 변동비

[해설]

발생 형태를 기준으로 원가의 3요소는 재료비, 노무비, 경비이다.

25 조리용 소도구의 용도가 옳은 것은?

① 그라인더(Grinder) – 소고기를 갈 때 사용

② 믹서(Mixer) – 재료를 다질 때 사용

③ 필러(Peeler) – 골고루 섞거나 반죽할 때 사용

④ 휘퍼(Whipper) – 감자 껍질을 벗길 때 사용

[해설]

• 믹서 : 여러 가지 재료를 혼합할 때 사용

• 필러 : 감자나 당근 등의 껍질을 벗기는 용도로 사용

• 휘퍼 : 달걀, 생크림을 혼합하거나 거품을 생성할 때 사용

26 식품의 부패 과정에서 생성되는 불쾌한 냄새 물질과 거리가 먼 것은?

① 암모니아
② 포르말린
③ 황화수소
④ 인돌

27 오징어에 대한 설명으로 틀린 것은?

① 살이 붉은색을 띠는 것은 색소포에 의한 것으로 신선도와는 상관이 없다.
② 가열하면 근육섬유와 콜라겐섬유 때문에 수축하거나 둥글게 말린다.
③ 신선한 오징어는 무색투명하며, 껍질에는 짙은 적갈색의 색소포가 있다.
④ 오징어의 근육은 평활근으로 색소를 가지지 않으므로 껍질을 벗긴 오징어는 가열하면 백색이 된다.

28 다음 중 알칼리성 식품의 성분에 해당하는 것은?

① 육류의 산소(O)
② 곡류의 염소(Cl)
③ 생선의 유황(S)
④ 유즙의 칼슘(Ca)

29 다음 산화방지제 중 사용제한이 없는 것은?

① 이디티에이 2 나트륨
② 디부틸히드록시톨루엔
③ L-아스코르빈산나트륨
④ 아스코르빌 팔미테이트

30 소분업 판매를 할 수 있는 식품은?

① 전분
② 식용유지
③ 식초
④ 빵가루

31 잠함병의 발생과 가장 밀접한 관계를 갖고 있는 환경요소는?

① 고압과 질소
② 저압과 산소
③ 고온과 이산화탄소
④ 저온과 일산화탄소

32 생선에 레몬즙을 뿌렸을 때 나타나는 현상이 아닌 것은?

① 단백질이 응고된다.

② 신맛이 가해져서 생선이 부드러워진다.

③ 생선의 비린내가 감소한다.

④ pH가 산성이 되어 미생물의 증식이 억제된다.

생선에 산(레몬즙, 식초 등)을 첨가하면 단백질이 응고되어 생선은 단단해진다.

33 다음 중 수분활성도가 가장 낮은 것은?

① 생선　　　　② 과일

③ 과자류　　　④ 소시지

해설

수분활성도

임의의 온도에서 식품이 나타내는 수증기압을 그 온도에서 순수한 물의 최대 수증기압으로 나눈 것을 말한다. 건조식품의 수분활성도는 0.20 이하, 어패류 · 과일 · 채소류는 0.90~0.98, 곡류 · 콩류는 0.60~0.64, 육류나 생선은 0.98이다.

34 양배추를 삶았을 때 증가되는 단맛의 성분은?

① 프로필 메르캅탄(Propyl Mercaptan)

② 디메틸설파이드(Dimethyl Sulfide)

③ 트리메틸아민(Trimethylamine)

④ 아크롤레인(Acrolein)

해설

양배추는 황화합물로 삶았을 때 단맛 성분인 프로필 메르캅탄을 형성한다.

35 다음 중 5탄당은?

① 갈락토오즈(Galactose)

② 만노오즈(Mannase)

③ 자일로즈(Xylose)

④ 프럭토즈(Fructose)

해설

5탄당은 자일로스, 아라비노스, 리보스이며, 갈락토오스, 만노오스, 프럭토스는 육탄당이다.

• 자일로스 : 식물에 존재하며, 설탕의 60% 정도의 단맛을 내는 성분이다.

• 아라비노스 : 동물과 식물에 존재하며, 핵산의 구성성분이다.

• 리보스 : 식물에 존재하며, 펙틴 등의 구성 성분이다.

36 노로 바이러스에 대한 설명으로 틀린 것은?

① 크기가 매우 작고 구형이다.

② 발병 후 자연치유 되지 않는다.

③ 급성위장염을 일으키는 식중독 원인체이다.

④ 감염되면 설사, 복통, 구토 등의 증상이 나타난다.

해설

노로 바이러스는 감염 후 1~2일 후에 자연 치유된다.

37 수질의 오염 정도를 파악하기 위한 BOD(생화학적 산소요구량)의 측정 시 일반적인 온도와 측정기간은?

① 10℃에서 5일간

② 10℃에서 10일간

③ 20℃에서 5일간

④ 20℃에서 10일간

해설

BOD(생화학적 산소요구량)

유기물질을 20℃에서 5일간 안정화시키는 데 소비한 산소량을 ppm또는 mg/L로 표기한 것이다.

38 일반적인 식품의 구매 방법으로 옳지 않은 것은?

① 쌀은 1주일분을 구입한다.

② 고등어는 필요에 따라 수시로 구입한다.

③ 돼지고기는 냉장 시설이 있다면 일주일분을 구입한다.

④ 느타리버섯은 수시로 구입한다.

곡류, 건어물, 조미료 등 장기 보관이 가능한 식품은 1개월분을 한 번에 구입한다.
- 육류 : 중량과 부위에 유의하고, 냉장시설이 있으면 일주일분을 구입한다.
- 과채류 및 어패류 : 신선도를 확인하여 필요에 따라 수시로 구입한다.

39 달걀의 난황 속에 있는 단백질이 아닌 것은?

① 리포비텔린(Lipovitellin)
② 리포비텔레닌(Lipovitellenin)
③ 리비틴(Livetin)
④ 레시틴(Lecithin)

| 해 설 |

레시틴은 난황에 들어 있는 인지질의 하나로 콩기름, 간, 뇌 등에 다량 존재하며, 유화제로도 사용된다.

40 검수에 필요한 기기로 적절하지 않은 것은 무엇인가?

① 전자저울
② 온도계
③ 염도계
④ 믹서

| 해 설 |

저울(전자저울, 플랫폼형 전자저울 등), 온도계, 당도계, 염도계 등은 검수에 필요한 기기이다.

41 간장이나 된장을 만들 때 누룩곰팡이에 의해서 가수 분해되는 주된 물질은?

① 비타민
② 단백질
③ 무기질
④ 지방질

| 해 설 |

간장이나 된장의 주된 원료는 콩이다. 콩의 주성분은 단백질이며, 간장이나 된장 만들 때 누룩곰팡이에 의해 가수 분해된다.

42 카드뮴 만성 중독의 주요 3대 증상이 아닌 것은?

① 빈혈
② 단백뇨
③ 폐기종
④ 신장 기능 장애

| 해 설 |

카드뮴(Cd)은 소변으로 단백질이나 인이 배출되어지는 단백뇨를 주 증상으로 한다. 여기에 폐기종, 신장 기능 장애를 합쳐 주요 3대 증상이라고 한다.

43 바다에서 잡히는 어류(생선)를 먹고 기생충증에 걸렸다면 이와 가장 관계 깊은 기생충은?

① 유구조충
② 선모충
③ 아니사키스충
④ 동양모양선충

| 해 설 |

고래회충인 아니사키스충은 어패류에서 감염되는 기생충으로 바다갑각류, 해산어류, 오징어, 문어, 고래에서 감염된다.

44 젓갈 제조방법 중 큰 생선이나 지방이 많은 생선을 서서히 절이고자 할 때 생선을 일단 얼렸다가 절이는 방법은?

① 습염법
② 혼합법
③ 냉염법
④ 냉동염법

| 해 설 |

냉동염법은 생선을 일단 얼렸다가 절여주는 방법으로 주로 큰 생선이나 지방이 많은 생선을 사용한다.

45 초기 청력장애 시 직업성 난청을 조기 발견할 수 있는 주파수는?

① 1,000Hz
② 2,000Hz
③ 3,000Hz
④ 4,000Hz

| 해 설 |

난청을 조기에 발견할 수 있는 주파수는 4,000Hz이다.

46 동물성 조직에서 지방을 추출하여 채유하는 방법이 아닌 것은?

① 보일링 처리법 ② 압착법
③ 건열처리법 ④ 추출법

해설
- 압착법 : 유지에 압력을 가하여 짜내는 방법으로, 참기름은 제외된다.
- 건열처리법 : 동물조직에서 지방을 채취하는 방법이다.
- 추출법 : 용제를 사용하여 추출하는 방법으로 식용유가 대표적이다.

47 밀폐된 포장식품 중에서 식중독이 발생했다면 주로 어떤 균에 의해서인가?

① 살모넬라균
② 대장균
③ 아리조나균
④ 클로스트리디움 보툴리늄균

해설
- 살모넬라균 : 육류, 난류, 어패류 및 그 가공품, 우유 및 유제품 등
- 대장균 : 우유, 햄, 치즈, 가정에서 제조한 마요네즈 등
- 아리조나균 : 세균성의 감염형 식중독
- 클로스트리디움 보툴리늄균 : 불충분한 가열살균 후 밀봉한 통조림, 소시지, 햄, 병조림 등이 원인식품

48 HACCP 인증 단체급식업소(집단급식소, 식품접객업소, 도시락류 포함)에서 조리한 식품은 소독된 보존식 전용용기 또는 멸균 비닐봉지에 매회 1인분 분량을 담아 몇 ℃ 이하에서 얼마 이상의 시간 동안 보관하여야 하는가?

① 4℃ 이하, 48시간 이상
② 0℃ 이하, 100시간 이상
③ -10℃ 이하, 200시간 이상
④ -18℃ 이하, 144시간 이상

해설
HACCP 인증 단체급식업소에서 조리한 식품은 소독된 보존전용용기 또는 멸균 비닐봉지에 매회 1인분 분량을 담아 -18℃ 이하에서 144시간 이상 보관하여야 한다.

49 식품영업자 및 종업원의 건강진단 실시 방법 및 타인에게 위해를 끼칠 우려가 있는 질병의 종류를 정하는 것은?

① 환경부령
② 총리령
③ 농림축산식품부령
④ 고용노동부령

해설
식품위생법 제40조(건강진단)
총리령으로 정하는 영업자 및 그 종업원은 건강진단을 받아야 하며, 타인에게 위해를 끼칠 우려가 있는 질병의 종류도 총리령으로 정한다고 명시되어 있다.

50 다음의 식품 중에서 폐기율이 가장 높은 것은 무엇인가?

① 패류 ② 생선류
③ 과일류 ④ 버섯류

해설
폐기율
조리 시 식품에 있어 버려지는 부분의 양으로 가식부율, 정미율과는 반대되는 개념이다. 껍질, 꼭지, 씨 등이 해당된다.
- 패류의 폐기율 : 75~83%
- 생선류의 폐기율 : 28~35%
- 과일류의 폐기율 : 22~25%
- 버섯류의 폐기율 : 10%

51 식품의 부패 정도를 측정하는 지표로 가장 거리가 먼 것은?

① 휘발성 염기질소(VBN)
② 총질소(TN)
③ 트리메틸아민(TMA)
④ 수소이온농도(pH)

해설
총질소(TN)는 하천오염을 측정하는 지표이다.
- 트리메틸아민 : 어류의 신선도 측정(3~4mg%면 초기부패)
- 수소이온농도 : 초기부패로 판정(pH가 6.0~6.2)
- 휘발성 염기질소 : 식육의 신선도 측정 지표(5~10mg%는 신선, 15~25mg%는 보통, 30~40mg%면 초기부패가 시작)

정답
46 ① 47 ④ 48 ④ 49 ② 50 ① 51 ②

52 굴착, 착암작업 등에서 발생하는 진동으로 인해 발생할 수 있는 직업병은?

① 레이노드병

② 잠함병

③ 공업중독

④ 금속열

해설

• 잠함병 : 고압환경에서 감압 시 나타나는 질병이다.
• 공업중독 : 공업 생산 과정에서 사용되는 약품이나 물질로 인해 생기는 중독증이다.
• 금속열 : 금속증기를 들이마심으로서 생기는 열증이다.

53 빙과류에 대한 설명으로 틀린 것은?

① 빙과류의 종류에는 아이스크림, 파르페, 셔벗, 무스 등이 있다.

② 지방이 많이 함유된 빙과류는 열량이 높다.

③ 비타민류는 냉동에 의해 성분의 변화가 심하게 일어난다.

④ 셔벗은 시럽에 과일즙을 첨가하였거나 과일에 젤라틴, 달걀흰자를 첨가하여 얼린 것이다.

해설

냉동에 의한 저장은 비타민의 성분 변화가 가장 적은 저장방법이다.

54 5g의 버터(지방 80%, 수분 20%)가 내는 열량은?

① 36kcal

② 45kcal

③ 130kcal

④ 170kcal

해설

지방 1g당 9kcal의 열량을 발생하며, 수분은 열량을 발생하지 못한다. 따라서 5×9×0.8=36kcal이다.

55 다음 식품 중 직접 가열하는 급속해동법이 많이 이용되는 것은?

① 생선류

② 육류

③ 반조리식품

④ 계육

해설

일반적으로 육류나 어류는 높은 온도에서 해동할 시 조직이 상해서 드립(Drip)현상이 많이 생긴다. 그러므로 냉장고 속이나 흐르는 냉수에서 밀폐한 채 완만 해동시켜 즉시 조리하는 것이 좋은 방법이다. 급속해동법은 반조리식품, 조리식품, 데친 채소 등에 많이 이용된다.

56 식품공정상 찬 곳이라 함은 따로 규정이 없는 한 몇 도를 의미하는가?

① −48~−20℃

② −14~−10℃

③ −5~0℃

④ 0~15℃

해설

식품공정상 찬 곳은 0~15℃를 의미한다.

57 물의 자정작용에 해당되지 않는 것은?

① 희석작용

② 침전작용

③ 소독작용

④ 산화작용

해설

물의 자정작용에는 희석작용, 침전작용, 자외선에 의한 살균작용, 산화작용, 식균작용이 있다.

58 중독될 경우 소변에서 코프로포르피린(Co-proporphyrin)이 검출될 수 있는 중금속은?

① 납(Pb)
② 크롬(Cr)
③ 시안화합물(CN)
④ 철(Fe)

해 설

납 중독은 호흡이나 경구침입에 의해 발생하며, 중독 시 소변에서 코프로포르피린이 검출될 수 있다.

59 아린맛은 어느 맛의 혼합인가?

① 쓴맛과 단맛
② 쓴맛과 떫은맛
③ 신맛과 쓴맛
④ 신맛과 떫은맛

해 설

아린맛
떫은맛과 쓴맛이 섞인 것 같은 맛으로 죽순, 토란, 고사리, 도라지, 우엉, 가지 등에 들어 있으며, 사용하기 하루 전에 물에 담가 놓으면 아린맛이 제거된다.

60 비말감염이 가장 잘 이루어질 수 있는 조건은?

① 영양결핍
② 피로
③ 군집
④ 매개 곤충의 서식

해 설

비말감염
기침이나 재채기를 통한 비말로 인해 감염되는 것으로, 군집에서 가장 잘 이루어진다.

2015년 기출복원문제 제2회

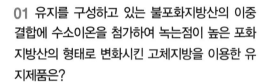

01 유지를 구성하고 있는 불포화지방산의 이중 결합에 수소이온을 첨가하여 녹는점이 높은 포화 지방산의 형태로 변화시킨 고체지방을 이용한 유지제품은?

① 마가린　　　　② 돼지기름
③ 버터　　　　　④ 소기름

해설
불포화지방산의 이중결합에 수소이온을 첨가하면 포화지방산이 생기게 되는데, 이를 수소첨가 촉매반응이라 한다. 식물성 기름은 고체 형태의 마가린을 만들 수 있다.

02 다음 중 젤라틴 용액을 단단한 젤이 되는데 도움이 되는 물질은?

① 설탕　　　　　② 소금
③ 레몬즙　　　　④ 식초

해설
과일즙, 레몬즙과 식초 등을 넣어주면 젤라틴 용액의 응고를 방해한다. 설탕도 젤라틴 젤의 망상 구조 형성될 때 방해가 되므로 젤의 강도를 약화시킨다.

03 쌀을 주식으로 하는 식생활에서 인체 내 대사상 특히 필요한 비타민은?

① 비타민 E
② 비타민 A
③ 비타민 C
④ 비타민 B_1

해설
비타민 B_1은 포도당이 분해할 때 필요하다.

04 두류에 대한 설명으로 적합하지 않은 것은?

① 콩을 익히면 단백질 소화율과 이용률이 더 높아진다.
② 콩의 주요 단백질은 글루텐이다.
③ 콩에는 거품의 원인이 되는 사포닌이 들어있다.
④ 1%의 소금물에 담갔다가 그 용액에 삶으면 연화가 잘된다.

해설
글루텐(Gluten)
밀, 보리, 귀리 등에 함유된 글루테닌과 글리아딘이 결합한 성분으로 물에 용해되어도 풀어지지 않는 성질을 가지는 불용성 단백질이다.

05 다음의 식단 구성 중 편중되어 있는 영양가의 식품군은?

> 귀리밥, 호박된장국, 소고기계란장조림,
> 연두부, 양념장, 조기구이

① 탄수화물군
② 단백질군
③ 비타민, 무기질군
④ 지방군

해설
육류, 콩 단백질, 어류로 구성된 식단이다.

06 단백질의 특성에 대한 설명으로 틀린 것은?

① 아미노산은 분자 중에 아미노기와 카르복실기를 갖는다.

② 단백질은 뷰렛에 의한 정색 반응을 나타내지 않는다.

③ 조단백질은 일반적으로 질소의 양에 6.25를 곱한 값이다.

④ C, H, O, N, S, P 등의 원소로 이루어져 있다.

해설

단백질은 뷰렛에 의한 적자색을 나타난다.

07 다음 설명 중 잘못된 것은?

① 싸이클로덱스트린은 식품첨가물로 이용된다.

② 덱스트린은 전분의 중간분해산물이다.

③ 식품의 셀룰로오스는 중요한 열량 영양소이다.

④ 헤미셀룰로오스는 식이섬유소로 이용된다.

해설

셀룰로오스는 식이섬유이며, 중요한 열량 영양소는 탄수화물, 단백질, 지방이다.

08 다음 식품 중 단백질의 생물가가 가장 높은 것은?

① 소고기

② 달걀

③ 쌀

④ 생선

해설

생물가

단백질 품질을 측정하기 위한 생물학적 방법으로, 흡수한 단백질 총 몇 %가 체내에 축적되었는지를 표시하는 것이다. 달걀의 생물가는 94이고, 우유 85, 소고기 69, 밀 67, 감자 67, 옥수수 60, 밀가루가 52이다.

09 다음 중 아미노산과 단백질에 대한 설명으로 옳지 않은 것은?

① 아미노산은 동일 분자 내에서 아미노시와 카르복실기를 지니고 있는 화합물이다.

② 단백질은 아미노산이 펩타이드 결합을 통하여 연결된 고분자 화합물이다.

③ 티로신은 방향족 아미노산이다.

④ 식품의 단백질을 구성하는 아미노산은 D-α-아미노산이다.

해설

식품 단백질을 구성하는 아미노산은 20여 종의 L-α-아미노산이다. L형이란 위에는 카르복실기를 배치, 아래에는 R을 배치한 구조에서 아미노기가 왼쪽에 있는 아미노산이며, α-아미노산이랑 α-탄소 위치에 아미노기가 결합되어 있는 것이다.

10 체온 유지 등을 위한 에너지 형성에 관계하는 영양소는?

① 탄수화물, 지방, 단백질

② 물, 비타민, 무기질

③ 무기질, 탄수화물, 물

④ 비타민, 지방, 단백질

해설

탄수화물, 지방, 단백질은 4kcal, 9kcal, 4kcal의 열량을 낸다.

11 우리가 흔히 사용하는 설탕은 당질의 분류 중 어디에 속하는가?

① 다당류

② 이당류

③ 삼당류

④ 단당류

해설

설탕(자당)은 포도당과 과당이 결합한 이당류이다.

12 이당류가 아닌 것은?

① 맥아당(Maltose)

② 설탕(Sucrose)

③ 유당(Lactose)

④ 과당(Fructose)

해설

과당은 단당류이다.

13 히스티딘 식중독을 유발하는 원인 단백질은 어느 것인가?

① 발린
② 히스타민
③ 알리신
④ 트립토판

해설

히스타민(Histamin)

아미노산의 일종으로, 히스티딘으로부터 미생물의 기능으로 만들어지는 식중독 원인 물질이다.

14 다당류와 거리가 먼 것은?

① 젤라틴(Gelatin)
② 글리코겐(Glycogen)
③ 펙틴(Pectin)
④ 글루코만난(Glucomannan)

해설

젤라틴은 단백질이다.

15 식품의 갈변현상 중 성질이 다른 것은?

① 감자의 절단면의 갈색
② 홍차의 적색
③ 된장의 갈색
④ 다진 양송이의 갈색

해설

①, ③, ④는 효소에 의한 갈변 반응이고, ②는 비효소적 갈변(마이야르) 반응이다.

16 중성지방의 구성 성분은?

① 탄소와 질소
② 아미노산
③ 지방산과 글리세롤
④ 포도당과 지방산

해설

• 탄수화물 – 탄소, 수소, 산소
• 지방 – 지방산과 글리세롤
• 단백질 – 탄소, 수소, 산소, 질소

17 어육을 가공하여 탄성이 있는 겔(Gel) 상태의 연제품을 만들 때 필수적으로 첨가해야 하는 것은?

① 식염
② 설탕
③ 들기름
④ 마늘

해설

어육 단백질은 미오신이며, 염용성 단백질이다.

18 다음 중 아밀로오스에 대한 설명 중 옳지 않은 것은?

① 하나의 분자마다 1개의 환원성 OH기가 있어서 환원력이 있다.
② 요오드 정색 반응은 적자색이다.
③ 평균 6~7개 포도당보다 회전하는 나선구조를 이루고 있다.
④ 수많은 포도당들이 α-1,4-글리코시드 결합에 의하여 연결되어 있다.

해설

• 요오드의 정색 반응에 아밀로오스는 청색, 아밀로펙틴은 적자색이다.
• 전분은 포도당의 중합체로 아밀로오스(α-1,4 결합에 나선 구조)와 아밀로펙틴(α-1,4 결합과 α-1,6 결합), 지방, 단백질, 인산화물 등이 결합된 입체구조로 아밀로오스와 아밀로펙틴의 비율에 따라서 전분의 성질이 달라진다.
• 호화는 전분에 물을 첨가하여 가열할 때 발생하는 현상으로 물을 흡수, 팽윤되고 아밀로오스와 아밀로펙틴의 결합이 깨지면서 아밀로오스가 콜로이드 용액이 된다. 호화는 전분의 종류, 수분 함량, 당류, pH와 염류 등에 영향을 받으며, 아밀로오스 함량이 높으면 노화가 쉽고 아밀로펙틴의 함량이 높으면 노화가 천천히 진행된다.

19 유지의 수소화 과정에서 일어나는 변화가 아닌 것은?

① 불포화도의 증가
② 산화 안정성 증대
③ 이중 결합의 위치 이동
④ 시스 지방산의 트랜스 지방산으로 이성화

해 설

수소화

액체의 기름에 수소를 첨가하여 불포화지방산을 포화지방산으로 만드는 것(마가린, 쇼트닝)이다.

20 다음 식품첨가물 중 주요 목적이 다른 것은?

① 과산화벤조일

② 과황산암모늄

③ 이산화염소

④ 아질산나트륨

해 설

• 과산화벤조일, 과황산암모늄, 이산화염소는 밀가루 계량제로 사용

• 아질산나트륨은 식육제품, 어육제품에 발색제로 사용

21 다음 중 곰팡이의 대사산물에 의해 질병이나 생리작용에 이상을 일으키는 원인이 아닌 것은?

① 청매 중독

② 아플라톡신 중독

③ 황변미 중독

④ 오크라톡신 중독

해 설

아플라톡신 – 누룩곰팡이, 황변미 – 푸른곰팡이, 오크라톡신 – 곰팡이, 청매 – 식물성 자연독

22 바다 속에서 자라는 홍조류인 우무를 삶아 동결 건조시킨 다당류 식품은?

① 콜라겐

② 젤라틴

③ 한천

④ 편육

해 설

한천

다당류 식품으로 체내에서 소화되지 않고, 영양가는 없으나 변비예방에 좋으며, 응고력이 높아 여러 식품에 응용된다(잼, 과자, 양갱, 양장피에 사용).

23 다음 중 젤라틴과 관계없는 것은?

① 양갱

② 족편

③ 아이스크림

④ 젤리

해 설

양갱은 한천으로 굳힌 과자이다(식물성).

24 다음 중 필수지방산이 아닌 것은?

① 리놀렌산

② 리놀레산

③ 스테아르산

④ 아라키돈산

해 설

스테아르산은 필수지방산은 아니며, 무색의 고체로 고급 포화지방산 중 하나이다.

25 무나 양파를 익힐 때 색을 희게 하려면 다음 중 무엇을 첨가하는 것이 가장 좋은가?

① 소금

② 소다

③ 생수

④ 식초

해 설

플라보노이드는 산성에서 흰색, 알칼리에서 황색이 된다.

26 튀김음식을 할 때 고려할 사항과 가장 거리가 먼 것은?

① 튀길 식품의 양이 많은 경우 동시에 모두 넣어 1회에 똑같은 조건에서 튀긴다.

② 수분이 많은 식품은 미리 어느 정도 수분을 제거한다.

③ 이물질을 제거하면서 튀긴다.

④ 튀긴 후 과도하게 흡수된 기름은 종이를 사용하여 제거한다.

해 설

많은 양을 동시에 넣으면 기름의 온도가 낮아져서 바싹하게 되지 않고 튀김에 기름이 너무 많이 흡수되어 맛이 없어지며, 색깔도 고르게 나오지 않을 수 있다.

정답

20 ④ 21 ① 22 ③ 23 ① 24 ③ 25 ④ 26 ①

27 과일의 주된 향기 성분이며, 분자량이 커지면 향기도 강해지는 냄새 성분은?

① 알코올

② 에스테르류

③ 유황화합물

④ 휘발성 질소화합물

해설

향기 성분으로는 여러 종류의 에스테르, 알코올, 알데히드 등이 있다.

28 원염을 녹여서 불순물을 제거하고 재결정시킨 소금이며, 음식의 간을 맞추는 용도로 사용하는 소금은?

① 천일염　　　　　　② 재제염

③ 정제염　　　　　　④ 꽃소금

해설

• 정제염 : 정화 과정을 걸쳐 만들기 때문에 위생적인 소금

• 천일염 : 배추, 오이를 절일 때 사용

29 제품의 제조 시에 직접원가에 포함되지 않은 것은?

① 노무비

② 재료비

③ 경비

④ 훈련비

해설

제품의 제조 시에 직접원가로는 재료비, 노무비와 경비가 있다.

30 다음 중 국이나 전골 등에 국물 맛을 독특하게 내는 다시마 등 해조류의 성분은?

① 요오드　　　　　　② 주석산

③ 구연산　　　　　　④ 호박산

해설

요오드– 다시마 등 해조류, 조개류 – 호박산, 주석산 – 포도, 구연산 – 감귤류

31 다음 중 간장의 구수한 감칠맛은?

① 글루탐산(Glutamic Acid)

② 포도당(Glucose)

③ 전분(Starch)

④ 아스코르빈산(Ascorbic Acid)

해설

간장에는 지미(旨味)성분(글루탐산, 아미노산), 감미성분(글루코스, 맥아당), 산미성분(초산, 유산)이 존재한다.

32 우유에 대한 설명으로 틀린 것은?

① 시판되고 있는 전유는 유지방 함량이 3.0% 이상이다.

② 저지방우유는 유지방을 0.1% 이하로 낮춘 우유이다.

③ 유당 소화 장애증이 있으면 유당을 분해한 우유를 이용한다.

④ 저염우유란 전유 속의 Na(나트륨)을 K(칼륨)과 교환시킨 우유를 말한다.

해설

유지방 함량은 저지방우유가 2%이다.

33 냉동식품의 조리에 대한 설명 중 틀린 것은?

① 빵, 케이크는 실내 온도에서 자연 해동한다.

② 채소류는 가열처리가 되어 있어 조리하는 시간이 절약된다.

③ 조리된 냉동식품은 녹기 직전에 가열한다.

④ 소고기의 드립(Drip)을 막기 위해 높은 온도에서 빨리 해동을 하여 조리한다.

해설

냉동식품의 해동은 천천히 해동하여야 한다.

34 다음 중 조리용 기기 사용이 틀린 것은?

① 필러(Peeler) : 감자, 당근 껍질 벗기기

② 슬라이서(Slicer) : 소고기 갈기

③ 세미기 : 쌀의 세척

④ 믹서 : 재료의 혼합

해설

슬라이서는 얇게 썰 때 이용한다.

35 빵에 버터를 펴서 바를 때 버터에 힘을 가한 후 그 힘을 제거해도 원래의 상태로 돌아오지 않고 변형된 상태로 유지하는 성질은?

① 유화성

② 가소성

③ 쇼트닝성

④ 크리밍성

해설

유화성(기름과 잘 섞이는 성질), 쇼트닝성(잘 부서지게 함), 크리밍성(공기가 들어가서 크림이 만들어짐)

36 소고기의 부위 중에서 결체조직이 많아 구이 조리에 가장 부적당한 것은?

① 등심 ② 갈비

③ 사태 ④ 채끝

해설

사태는 질겨서 탕이나 수육 등에 사용된다.

37 버터나 마가린의 계량방법으로 가장 옳은 것은?

① 냉장고에서 꺼내어 계량컵에 눌러 담은 후 윗면을 직선으로 된 칼로 깎아 계량한다.

② 실온에서 부드럽게 하여 계량컵에 담아 계량한다.

③ 실온에서 부드럽게 하여 계량컵에 눌러 담은 후 윗면을 직선으로 된 칼로 깎아 계량한다.

④ 냉장고에서 꺼내어 계량컵의 눈금까지 담아 계량한다.

해설

버터, 마가린, 흑설탕은 실온에서 꼭꼭 채워 담고 직선으로 된 도구로 깎아서 계량, 밀가루, 흰 설탕은 가볍게 담아서 계량, 액체는 가운데 부분을 읽는다.

38 생선을 껍질이 있는 상태로 구울 때 껍질이 수축되는 주원인 물질과 그 처리방법은?

① 생선살의 색소 단백질, 소금에 절이기

② 생선살의 염용성 단백질, 소금에 절이기

③ 생선 껍질의 지방, 껍질에 칼집 넣기

④ 생선 껍질의 콜라겐, 껍질에 칼집 넣기

해설

생선 껍질의 콜라겐으로 수축이 일어나므로 칼집을 넣어주면 수축을 방지할 수 있다.

39 육류의 조리에 대한 설명으로 틀린 것은?

① 탕 조리 시 찬물에 고기를 넣고 끓여야 추출물이 최대한 용출된다.

② 장조림 조리 시 간장을 처음부터 넣으면 고기가 단단해지고 잘 찢기지 않는다.

③ 편육 조리 시 찬물에 넣고 끓여야 잘 익은 고기 맛이 좋다.

④ 불고기용으로는 결합조직이 되도록 적은 부위가 적당하다.

해설

국물을 섭취하는 조리는 찬물에서부터 조리, 국물 없이 고기만 섭취하는 것은 물이 끓을 때 넣어서 조리한다.

40 식육 및 어육제품의 가공 시 첨가되는 아질산염과 제2급 아민이 반응하여 생기는 발암물질은?

① PCB(Polychlorinated Biphenyl)

② 벤조피렌(Benzopyrene)

③ 말론알데히드(Malonaldehyde)

④ 엔-니트로사민(N-nitrosamine)

해설

아질산염은 단백질의 분해산물인 아민류와 반응하여 엔-니트로사민이라는 발암물질을 형성한다.

41 초기에 두통, 구토, 설사 증상을 보이다가 심하면 실명을 유발하는 것은?

① 메탄올　　　　② 에르고타민
③ 아우라민　　　④ 무스카린

해 설

메탄올의 치사량은 30~100ml이며, 두통, 구토, 설사, 호흡곤란의 증상이 나타나며 사망한다.

42 조리사 면허의 취소처분을 받은 때 면허증 반납은 누구에게 하는가?

① 보건소장
② 보건복지부장관
③ 특별자치도지사, 시장, 군수, 구청장
④ 식품의약품안전처장

해 설

조리사 면허의 발급기관은 특별자치도지사, 시장, 군수, 구청장이다. 발급기관에 반납하면 된다.

43 식품 등을 제조, 가공하는 영업을 하는 자가 제조, 가공하는 식품 등이 식품위생법 규정에 의한 기준, 규격에 적합한지 여부를 검사한 기록서를 보관해야 하는 기간은?

① 2년　　　　　② 6개월
③ 3년　　　　　④ 1년

해 설

자가품질검사에 관한 기록서는 2년간 보관한다.

44 라이코펜은 무슨 색이며, 어떤 식품에 많이 들어 있는가?

① 노란색 – 옥수수, 고추, 감
② 붉은색 – 토마토, 수박, 감
③ 붉은색 – 당근, 호박, 살구
④ 노란색 – 새우, 녹차, 노른자

해 설

라이코펜은 토마토에 존재하는 붉은색의 카로티노이드 색소이다.

45 훈연 시 육류의 보존성과 풍미 향상에 가장 많이 관여하는 것은?

① 숯 성분　　　　② 탄소
③ 유기산　　　　④ 페놀류

해 설

페놀류는 알데하이드와의 상호작용에 의해 고기 표면에 수지막을 형성하여 미생물의 내부 침입을 방지, 훈연제품 특유의 풍미를 갖게 한다.

46 식품의 단백질이 변성되었을 때 나타나는 현상이 아닌 것은?

① 점도가 증가한다.
② 소화효소의 작용을 받기 어려워진다.
③ 용해도가 감소한다.
④ 폴리펩티드 사슬이 풀어진나.

해 설

단백질이 열에 의해 변성되면 폴리펩티드 사슬이 풀어져 효소가 작용할 수 있는 공간이 증가한다.

47 고구마 100g이 72kcal의 열량을 낼 때 고구마 350g은 얼마의 열량을 공급하는가?

① 252kcal　　　② 234kcal
③ 384kcal　　　④ 324kcal

해 설

72kcal×3.5＝252kcal

48 치즈 제조에 사용되는 우유 단백질을 응고시키는 효소는?

① 말타아제(Maltase)
② 레닌(Rennin)
③ 프로테아제(Protease)
④ 아밀라아제(Amylase)

해설

우유에 산과 레닌을 첨가하여 유단백질인 카제인을 응고시키는 과정에서 치즈가 된다.

49 신체의 근육이나 혈액을 합성하는 구성영양소는?

① 무기질　　　　② 단백질
③ 물　　　　　　④ 비타민

해설

단백질의 기능으로는 체조직과 혈액단백질, 피부, 항체, 호르몬 구성으로 에너지 공급원으로 1g당 4kcal을 내며, 체내의 pH 조절을 맡고 있다.

50 난백의 기포성에 관한 설명으로 옳은 것은?

① 수양난백이 농후난백보다 기포 형성이 잘된다.
② 신선한 달걀의 난백이 기포 형성이 잘된다.
③ 실온에 둔 것보다 냉장고에서 꺼낸 난백의 기포 형성이 쉽다.
④ 난백거품을 낼 때 다량의 설탕을 넣으면 기포 형성이 잘된다.

해설

오래된 달걀은 수양난백이 많은 달걀로 거품은 잘 일어나지만 안정성은 적으며, 냉장고에서 바로 꺼낸 달걀보다 실온의 달걀이 거품을 내기에는 더 좋다.

51 조리기기 및 기구와 그 용도의 연결이 틀린 것은?

① 육류파운더(Meat Pounder) – 육류를 연화시킬 때
② 슬라이서(Slicer) – 채소를 다질 때
③ 믹서(Mixer) – 재료를 혼합할 때
④ 필러(Peeler) – 채소의 껍질을 벗길 때

해설

슬라이서는 육류를 절단하는 기구이다.

52 생선 조리방법으로 적합하지 않은 것은?

① 생선 표면을 물로 씻으면 어취가 감소된다.
② 생선 조림은 양념장을 끓이다가 생선을 넣는다.
③ 생강은 처음부터 넣어야 어취 제거에 효과적이다.
④ 탕을 끓일 경우 국물을 먼저 끓인 후에 생선을 넣는다.

해설

생강은 단백질 성분이 익은 후 넣는 것이 어취제거에 효과적이다.

53 육류의 사후강직과 숙성에 대한 설명으로 틀린 것은?

① 자가분해효소인 카텝신에 의해 연해지고 맛이 좋아진다.
② 사후강직 시기에는 보수성이 저하되고 육즙이 많이 유출된다.
③ 도살 후 글리코겐이 혐기적 상태에서 젖산을 생성하여 pH가 저하된다.
④ 사후강직은 근섬유가 미오글로빈을 형성하여 근육이 수축되는 상태이다.

해설

사후강직은 근육이 수축되는 상태로, 근섬유가 액토미오신을 형성되는 상태이다.

54 채소류로부터 감염되는 기생충은?

① 동양모양선충, 편충
② 회충, 무구조충
③ 십이지장충, 선모충
④ 요충, 유구조충

해설

• 육류로 감염되는 기생충 : 유구조충, 무구조충, 선모충
• 어패류로부터 감염되는 기생충 : 폐디스토마, 간디스토마

정답 　49 ② 　50 ① 　51 ② 　52 ③ 　53 ④ 　54 ①

55 모체로부터 태반이나 수유를 통해 얻어지는 면역은?

① 자연능동면역

② 인공능동면역

③ 자연수동면역

④ 인공수동면역

해설

- 자연능동면역 : 질병 감염 후 획득
- 인공능동면역 : 예방접종으로 획득
- 인공수동면역 : 혈청 접종으로 얻은 면역

56 온열요소가 아닌 것은?

① 기압　　　　② 기류

③ 기습　　　　④ 기온

해설

온열요소로는 기온, 기습, 기류, 복사열이 있다.

57 섭조개에서 문제를 일으킬 수 있는 독소 성분은?

① 테트로도톡신(Tetrodotoxin)

② 셉신(Sepsine)

③ 베네루핀(Venerupin)

④ 삭시톡신(Saxitoxin)

해설

- 테트로도톡신 : 복어에서 생성되는 독성물질이다.
- 셉신 : 부패한 감자에서 생성되는 독성물질이다.
- 베네루핀 : 바지락, 굴, 모시조개 등에 축적되는 독소로 치사율이 40%~50%에 이른다.

58 과거 일본 미나마타병의 집단발병 원인이 된 중금속은?

① 카드뮴　　　　② 납

③ 수은　　　　④ 비소

해설

- 수은 : 미나마타병을 유발하며, 신경과 관련된 증상이 나타난다.
- 카드뮴 : 이타이이타이병을 일으키며, 신장 기능 장애, 골연화증 증상이 나타난다.

59 조리사 면허 취소에 해당되지 않는 것은?

① 식중독이나 그 밖의 위생과 관련한 중대한 사고 발생에 직무상의 책임이 있는 경우

② 면허를 타인에게 대여하여 사용하게 한 경우

③ 조리사가 마약이나 그 밖의 약물에 중독이 된 경우

④ 조리사 면허의 취소처분을 받고 그 취소된 날부터 2년이 지나지 아니한 경우

해설

식품위생법 제54조

조리사 면허 취소처분을 받고 취소된 날부터 1년이 지나지 아니한 자는 조리사 면허를 받을 수 없다.

60 β-전분이 가열에 의해 α-전분으로 되는 현상은?

① 호화　　　　② 호정화

③ 산화　　　　④ 노화

해설

β-전분에 물을 첨가하여 가열하면 분자 사이의 수소결합이 끊어지고 전분 분자가 팽창하여 α화되는데, 이것을 호화라고 한다.

01 육류를 가열할 때 일어나는 변화 중 틀린 것은?

① 단백질의 응고

② 비타민의 손실

③ 풍미의 생성

④ 중량 증가

해설

육류를 가열할 때 고기의 수축과 육즙의 방출로 중량이 감소하게 된다.

02 일반적인 인수공통감염 병에 속하는 것은?

① 발진티푸스

② 홍역

③ 파라티푸스

④ 탄저

해설

홍역은 호흡기를 통한 바이러스성 감염병이다.

03 인공조명 시 고려사항으로 바르지 않는 것은?

① 취급이 간편하고 저렴해야 함

② 과도한 조명은 결막염 발생우려가 있음

③ 폭발, 화재의 위험이 없어야 함

④ 조명의 색은 일광에 가까운 주황색이어야 함

해설

• 인공조명 관련 질병 : 가성근시, 안정피로, 안구진탕증, 백내장 유발

• 일광과 관련 질병 : 결막염

04 채소류 매개 감염 기생충이 아닌 것은?

① 회충

② 유구조충

③ 구충

④ 편충

해설

유구조충 – 돼지고기

05 우유 단백질의 특성을 이용한 것 중에서 치즈의 제조원리 중 하나는?

① 등전점에서 응고하는 원리

② 고농도의 염에서 응고하는 원리

③ 저농도의 염용 액에서 응고하는 원리

④ 마이야르 반응

해설

• 단백질은 등전점에서 최소의 용해도를 가진다.

• 우유 단백질인 카세인의 등전점은 pH 4.6인데 산을 첨가하면 응고, 침전되어 커드가 형성된다.

06 산업장의 분진으로 인해 발생되는 장애는?

① 고산병

② 잠함병

③ 레이노드씨병

④ 규폐증

해설

• 레이노드씨병 : 추위로 인해 손, 발가락이 창백해지는 병

• 고산병 : 고지대에서 산소가 희박해져서 발생하는 병

정답

01 ④   02 ④   03 ②   04 ②   05 ①   06 ④

07 가열 조리 중 건열조리에 속하는 조리법은?

① 찜
② 구이
③ 삶기
④ 조림

해설

- 습열조리 : 끓이기, 데치기, 조리기, 찌기
- 건열조리 : 굽기, 튀기기, 볶기, 부치기

08 모체의 태반이나 모유를 통해 공급받는 면역은?

① 자연능동면역
② 자연수동면역
③ 인공능동면역
④ 인공수동면역

해설

- 자연능동면역 : 질병 감염 후 획득된 면역
- 인공능동면역 : 예방접종으로 획득된 면역
- 인공수동면역 : 혈청 접종으로 얻은 면역

09 가족감염과 같이 집단감염이 잘되는 기생충은?

① 회충
② 구충
③ 요충
④ 간흡충

해설

요충은 집단감염률이 높은 감염병이다.

10 식품과 독성물질과의 연결이 옳은 것은?

① 독버섯 – 베네루핀
② 모시조개 – 삭시톡신
③ 청매 – 고시풀
④ 독미나리 – 시큐톡신

해설

- 베네루핀 : 바지락, 모시조개
- 삭시톡신 : 홍합, 섭조개

11 식품위생법상 영업소에서 식품의 조리에 종사하는 자가 정기 건강 진단을 받아야 하는 횟수는?

① 1회/3개월
② 1회/6개월
③ 1회/1년
④ 1회/2년

해설

식품의 조리에 종사하는 자는 1년에 1회의 정기 진단을 받아야 한다.

12 DHA나 EPA같은 불포화지방산이 많이 함유되어 있는 것은?

① 등푸른생선
② 난황
③ 배아유
④ 대두유

해설

고등어와 같은 등푸른 생선에는 DHA나 EPA같은 불포화지방산이 다량 함유되어 있다.

13 토마토나 수박의 붉은색 색소명과 색소의 분류는?

① 루테인 – 카로티노이드
② 라이코펜 – 카로티노이드
③ 푸코크산틴 – 안토시아닌
④ 크립토크산틴 – 안토시아닌

해설

라이코펜
카로티노이드 성분으로 토마토, 수박 등의 붉은색의 과일에 함유되어 있는 색소이다.

14 샐러드 제조 시 녹색 채소가 산에 의해 누렇게 변색되는 이유는?

① 안토시아닌의 산화
② 플라본색소의 개환
③ 클로로필의 페오피틴화
④ 카로티노이드의 산화

해설

클로로필을 산으로 처리 시 페오피틴의 갈색이 된다.

정답
07 ② **08** ② **09** ③ **10** ④ **11** ③ **12** ① **13** ② **14** ③

15 약한 수렴성 맛을 주며 쾌감을 주는 탄닌이 함유된 식품은?

① 커피

② 사과

③ 오이

④ 토마토

해설

탄닌 함유 식품

커피, 곶감, 녹차 등

16 머랭은 달걀의 어떤 성질을 이용하여 만든 것인가?

① 유화성　　　　② 기포성

③ 응고성　　　　④ 점성

해설

달걀의 기포성을 이용하는 것이 머랭이다.

17 수질오염의 지표들 가운데 수치가 높을 때 좋은 수질을 나타내는 것은?

① 용존산소량(DO)

② 화학적 산소요구량(COD)

③ 부유물질(SS)

④ 용해성 물질(SM)

해설

용존산소의 수치가 낮으면 유기물을 많이 함유하고 있는 물이다.

18 쥐가 매개하는 질병에 속하지 않는 것은?

① 페스트

② 살모넬라증

③ 발진열

④ 사상충증

해설

쥐가 매개하는 질병

페스트, 아메바성이질, 발진열 등

19 접촉감염지수가 가장 낮은 것은?

① 홍역　　　　② 백일해

③ 성홍열　　　　④ 폴리오

해설

접촉감염지수가 가장 높은 것은 홍역이다.

20 쌀 성분 중 밥 냄새와 맛에 영향을 주지 않는 것은?

① 유리아미노산

② 휘발성 향기 성분

③ 비타민 C

④ 당

해설

쌀에 함유되어 있는 성분 중 밥맛에 영향을 주는 것은 아밀로오스, 단백질, 당, 휘발성 향기 성분이다.

21 방사선 장애에 의해서 올 수 있는 대표적인 직업병은?

① 골다공증　　　　② 진폐증

③ 백혈병　　　　④ 위암

해설

방사선에 노출 시 백혈구가 적어지면서 백혈병에 걸릴 확률이 높아진다.

22 식품위생법상 조리사 면허발급의 결격 사유에 해당되지 않는 자는?

① 청각장애자

② 조리사 면허의 취소처분을 받고 1년이 지나지 않은 자

③ 약물 중독자

④ 마약 중독자

해설

조리사 면허발급의 결격 사유

감염병 환자, 정신질환자, 약물 중독자 등

정답

15 ①　16 ②　17 ①　18 ④　19 ④　20 ③　21 ③　22 ①

23 행주를 일광소독으로 살균할 수 없는 미생물은?

① 장티푸스균

② 콜레라균

③ 바이러스

④ 이질균

바이러스는 100℃ 이상의 열로 삶아야만 살균할 수 있다.

24 숙성 소고기의 색이 선명한 붉은색으로 변하는 이유는?

① 산소와 결합하여 미오글로빈이 옥시미오글로빈으로 변하기 때문에

② 세균에 의하여 미오글로빈에서 글로빈이 분리되기 때문에

③ 미오글로빈이 서서히 산화되어 메트미오글로빈으로 변하기 때문에

④ 미오글로빈이 환원되어 메트미오글로빈으로 변하기 때문에

숙성 소고기는 산소와 결합되면서 선홍색의 옥시미오글로빈이 된다.

25 사과 100g에 수분 863%, 단백질 0.2%, 지질 0.1%, 회분 0.3%, 탄수화물 131%를 함유하고 있을 경우 사과의 열량은 얼마인가?

① 54.1kcal

② 55.3kcal

③ 61.5kcal

④ 120.0kcal

단백질 0.2×4=0.8, 지질 0.1×9=0.9, 탄수화물 13.1×4=52.4

• 0.8+0.9+52.4=54.1kcal

26 전분의 호화에 관여하는 요소가 아닌 것은?

① 전분의 크기와 구조

② pH

③ 금속이온

④ 온도

전분의 호화

녹말에 물을 가하여 가열하여 팽창과 점성이 증가하여 반투명 상태가 되는데 전분의 크기, 구조, 온도, pH 등이 관여한다.

27 식재료비 비율을 40% 수준으로 정하고 있는 경우 어떤 식단의 식재료비가 700원이었다면 식단의 판매가는?

① 280원

② 1,050원

③ 1,167원

④ 1,750원

재료비÷식재료비 비율=식단 판매가=700÷40/100=1,750원

28 항문 주위에 산란하며 집단감염이 쉽고, 소아들에게 많이 감염되는 기생충 질환은?

① 회충증

② 요충증

③ 편충증

④ 구충증

회충증은 장내에 기생하여 소화장애 등을 일으킨다.

29 세계보건기구(WHO)의 주요 기능이 아닌 것은?

① 국제 간의 감염병 검역 대책

② 국제적인 보건사업의 지휘 및 조정

③ 회원국에 대한 기술지원 및 자료공급

④ 아동의 보건 및 복지향상을 위한 원조사업

세계보건기구의 주요 기능

국제적인 보건사업의 지휘와 조정, 전문가 파견에 의한 기술자문 활동 등

정답

23 ③ **24** ① **25** ① **26** ③ **27** ④ **28** ② **29** ④

30 식품위생법상 식중독에 관한 조사 보고에서 식중독이 의심되는 자를 진단한 의사 또는 한의사는 누구에게 발생 사실을 보고하여야 하는가?

① 관할 보건소장
② 관할 시·도지사
③ 관할 시장, 군수, 구청장
④ 식품의약품안전처장

해설

식중독 의심 환자는 관할 시장, 군수, 구청장에게 보고하여야 한다.

31 안식향산의 사용 목적은?

① 식품의 산미를 내기 위하여
② 식품의 부패를 방지하기 위하여
③ 유지의 산화를 방지하기 위하여
④ 식품의 향을 내기 위하여

해설

안식향산, 안식향산나트륨, 안식향산칼슘
미생물 발육을 억제하고 부패를 방지하여 선도를 유지하는 데 사용되는 보존료

32 세균으로 인한 식중독 원인물질이 아닌 것은?

① 보툴리늄 독소
② 아플라톡신
③ 장염비브리오균
④ 살모넬라균

해설

• 감염형 식중독 독소 : 살모넬라, 장염비브리오
• 독소형 식중독 독소 : 보툴리누스독소

33 식초의 기능에 대한 설명으로 틀린 것은?

① 생선에 사용하면 생선살이 단단해진다.
② 붉은 비트에 사용하면 선명한 적색이 된다.
③ 양파에 사용하면 황색이 된다.

④ 마요네즈 만들 때 사용하면 유화액을 안정시켜 준다.

해설

양파색소(플로보노이드)는 산성에서는 흰색, 알칼리에서는 황색으로 변한다.

34 HACCP의 7가지 원칙에 해당하지 않는 것은?

① 위해요소 분석
② 중요관리점 결정
③ 개선조치 방법 수립
④ 회수명령의 기준설정

해설

HACCP 관리 단계
위해요소 분석 → 중요관리점 결정 → 한계기준 설정 → 모니터링 체계 확립 → 개선조치 방법 수립 → 검증 절차 및 방법 수립 → 문서화 및 기록 유지

35 우유 가공품이 아닌 것은?

① 액상발효유
② 마시멜로
③ 버터
④ 치즈

해설

마시멜로
전분, 젤라틴, 설탕 따위로 만드는 연한 과자로 당류 가공품

36 불건성유에 속하는 것은?

① 옥수수기름
② 대두유
③ 땅콩기름
④ 들기름

해설

반건성유
대두유, 면실유, 유채기름, 참기름 등

37 신선한 달걀의 감별법으로 설명이 잘못된 것은?

① 햇빛에 비출 때 공기집의 크기가 작다.

② 흔들 때 내용물이 잘 흔들린다.

③ 6% 소금물에 넣으면 가라앉는다.

④ 깨뜨려 접시에 놓으면 노른자가 볼록하고 흰자의 점도가 높다.

해설

신선한 달걀은 흔들어서 소리가 나지 않으며, 6% 식염수에 가라앉고 껍질이 꺼칠꺼칠한 것이 신선하다.

38 급식시설 중 1인 1식 사용 급수량이 가장 많이 필요한 시설은?

① 학교급식　　　　② 보통급식

③ 산업체급식　　　④ 병원급식

해설

공장급식은 5～10L, 학교급식은 4～6L, 병원급식은 10～20L이다.

39 소고기의 부위 중 탕, 스튜, 찜 조리에 적합한 부위는?

① 목심　　　　　　② 설도

③ 양지　　　　　　④ 사태

해설

사태
결체조직의 함량이 높아 주로 국, 찌개, 찜 등에 이용된다.

40 칼슘(Ca)과 인(P)이 소변 중으로 유출되는 골연화증 현상을 유발하는 유해 중금속은?

① 납　　　　　　　② 카드뮴

③ 수은　　　　　　④ 주석

해설

이타이이타이병은 카드뮴이 만성중독을 일으키며 나타나는 병이다.

41 환경위생의 개선으로 발생이 감소되는 감염병과 가장 거리가 먼 것은?

① 장티푸스　　　　② 콜레라

③ 이질　　　　　　④ 인플루엔자

해설

인플루엔자는 바이러스에 의한 호흡기계 감염병이다.

42 지역사회나 국가사회의 보건수준을 나타낼 수 있는 가장 대표적인 지표는?

① 영아사망률

② 질병이환율

③ 평균수명

④ 모성사망률

해설

한 국가의 건강수준을 나타내는 지표로는 영아사망률을 들 수 있다.

43 생선 및 육류의 초기부패 판정 시 지표가 되는 물질에 해당되지 않는 것은?

① 아크롤레인

② 트리메틸아민

③ 암모니아

④ 휘발성염기질소

해설

아크롤레인
유지의 고온 가열시, 튀김할 때 기름에서 나는 자극적인 냄새 성분

44 효소적 갈변반응에 의해 색을 나타내는 식품은?

① 홍차　　　　　　② 캐러멜

③ 간장　　　　　　④ 분말 오렌지

해설

홍차는 효소적 갈변반응의 대표적인 예로 탄닌의 산화 갈변반응이다.

정답

37 ②　38 ④　39 ④　40 ②　41 ④　42 ①　43 ①　44 ①

45 대두를 구성하는 콩 단백질의 주성분은?

① 글리아딘 ② 글루테닌

③ 글루텐 ④ 글리시닌

해설

콩 단백질의 주성분은 글리시닌으로 필수아미노산이다.

46 어떤 단백질의 질소 함량이 18%라면, 이 단백질의 질소계수는 약 얼마인가?

① 5.56 ② 6.30

③ 6.47 ④ 6.67

해설

질소계수＝100/18＝5.56

47 인도네시아가 원산지로 열대목으로 꽃이 개화되기 전 수확하여 건조시키면 짙은 밤색을 지니게 되며, 향이 매우 강하여 전 세계적으로 중요한 향신료로 못이나 정 모양으로 뾰족하고 길이가 긴 향신료는 무엇인가?

① 클로브(Cloves)

② 팔각(Star Anise)

③ 바닐라(Vanilla)

④ 홀스래디시(Horseradish)

해설

클로브(Cloves)는 정향의 다른 이름이다.

48 당류의 감미도가 낮은 것부터 높은 순서대로 나열한 것은?

① 맥아당＜유당＜포도당＜자당＜과당

② 유당＜포도당＜맥아당＜과당＜자당

③ 맥아당＜포도당＜자당＜과당＜유당

④ 유당＜맥아당＜포도당＜자당＜과당

해설

단맛의 감미도
유당＜맥아당＜포도당＜설탕＜전화당＜과당

49 다음 자료로 기초원가를 계산하면 얼마인가?

직접재료비	2,500원
직접노무비	1,600원
제 조 경 비	1,500원
직접서비스비	1,100원

① 4,000원 ② 4,100원

③ 5,200원 ④ 5,600원

해설

기초원가＝직접재료비＋직접노무비＝2,500＋1,600＝4,100원

50 소고기 편육을 조리하는 방법에 대한 설명으로 옳은 것은?

① 양지머리, 안심, 사태 등 결합조직이 적은 부위일수록 좋다

② 편육 제조 시 졸(Sol) 상태의 젤라틴이 젤(Gel) 상태가 된 후에 무거운 것으로 눌러 모양을 잡아준다.

③ 편육을 썰 때는 결의 반대방향으로 써는 것이 좋다.

④ 고기는 찬물에 넣어 센불에서 계속하여 끓여준다.

해설

소고기 편육에 사용하는 부위는 결합조직이 많은 부위일수록 좋으며, 편육은 뜨거울 때 모양을 잡아야 하므로 물이 끓을 때 넣어 삶는 것이 좋다.

51 과일을 깎을 때 일어나는 갈변을 방지하는 방법이 아닌 것은?

① 설탕물에 담그는 방법

② 비타민 C 용액에 담그는 방법

③ 레몬즙, 오렌지즙에 담그는 방법

④ 철제 칼로 과일 껍질을 벗기는 방법

해설

철제 칼(철로 만들어진 칼)로 사용 시에 갈변현상이 일어난다.

정답
45 ④ 46 ① 47 ① 48 ④ 49 ② 50 ③ 51 ④

52 리케차에 의해 발생되는 감염병은?

① 디푸테리아

② 이질

③ 파라티푸스

④ 발진티푸스

해설

리케차로 인한 감염병

발진티푸스, 발진열, 양충병

53 일광 중 열작용이 강하여 열사병의 원인이 되는 것은?

① 감마선   ② 자외선

③ 가시광선   ④ 적외선

해설

열사병의 원인은 운동으로 인한 적외선을 장시간 받았을 때 발생한다.

54 다음 중 바이러스에 의한 감염병이 아닌 것은?

① 장티푸스   ② 폴리오

③ 인플루엔자   ④ 유행성감염

해설

장티푸스

세균에 의한 감염병

55 과실류나 채소류 등 식품의 살균 목적 이외에 사용하여서는 아니 되는 살균소독제는?

① 프로피온산나트륨

② 차아염소산나트륨

③ 소르빈산

④ 에틸알코올

해설

• 소르빈산 : 미생물 생육을 억제, 가공식품의 보존료로 치즈에 사용

• 에틸알코올 : 물과 함께 섞어서 주로 소독제로 사용

56 필수지방산이 아닌 것은?

① 리놀레산

② 아라키돈산

③ 올레산

④ 리놀렌산

해설

필수지방산으로는 리놀레산, 리놀렌산, 아라키돈산으로 식물성 기름에 다량 함유되어 있다.

57 폐기물 관리법에서 소각로 소각법의 장점으로 틀린 것은?

① 소각법은 위생적으로 처리하는 방법이다.

② 소각법은 다이옥신(Dioxin)의 발생이 없다.

③ 소각법은 잔류물이 적어 매립하기에 적합하다.

④ 소각법은 매립법에 비해 설치 면적이 적다.

해설

쓰레기 소각장에서 나오는 환경호르몬은 다이옥신이다.

58 채소류 조리에 대한 설명으로 옳지 않은 것은?

① 시금치나물을 무칠 때 식초를 넣으면 클로로필계 색소가 산에 의해 녹황색으로 변한다.

② 녹색 채소 데친 물이 푸르게 변색되는 것은 지용성인 클로로필이 수용성 클로로필라이드로 되어 용출되기 때문이다.

③ 볶은 당근이 점차 어둡고 칙칙한 색으로 변하는 것은 안토잔틴계 색소가 산소와 접촉하여 산화, 퇴색되기 때문이다

④ 우엉을 삶을 때 청색으로 변하는 이유는 우엉에 있는 알칼리성 무기질이 녹아나와 안토시아닌계 색소를 청색으로 변화시키기 때문이다.

해설

• 당근 : 카로틴계 색소

• 우엉 : 안토시아닌계 색소

59 원가계산의 목적으로 옳지 않은 것은?

① 원가의 절감 방안을 모색하기 위해서

② 제품의 판매가격을 결정하기 위해서

③ 경영손실을 제품가격에서 만회하기 위해서

④ 예산편성의 기초자료로 활용하기 위해서

해 설

원가계산의 목적으로는 가격결정, 원가관리, 예산편성, 재무제표 작성의 목적들이 있다.

60 공중보건사업과 거리가 먼 것은?

① 보건교육

② 인구보건

③ 감염병 치료

④ 보건행정

해 설

공중보건은 질병예방, 생명연장, 신체적 정신적 효율을 증진시키는 기술이다.

01 다음 중 지방의 가공 처리방법이 아닌 것은?

① 동유처리방법

② 수소첨가반응

③ 에스테르 교환방법

④ 중합반응반응

해설

중합반응은 유지 가열에 의한 유지 변질의 원인이다.

02 다음 중 식품에 함유된 성분 중에 교질용액을 형성하는 것은?

① 단백질

② 소금

③ 설탕

④ 수용성 비타민

해설

분자량이 작은 소금, 설탕, 수용성 비타민 등은 진용액을 형성한다.

03 미생물학적으로 식품 1g당 세균수가 얼마일 때 신선한 단계로 판정하는가?

① $10^2 \sim 10^3$

② $10^4 \sim 10^5$

③ $10^7 \sim 10^8$

④ $10^{12} \sim 10^{13}$

해설

• 식품 1g당 $10^7 \sim 10^8$이면 초기부패이다.

• 미생물학적으로 세균수가 10^2이면 신선, 10^5이면 정상, 10^7이면 초기부패, 10^{15}는 완전 부패로 판정한다.

04 혐기의 상태에서 생산된 독소에 의해 신경 증상이 나타나는 세균성 식중독은?

① 황색 포도상구균 식중독

② 클로스트리디움 보툴리눔 식중독

③ 장염 비브리오 식중독

④ 살모넬라 식중독

해설

• 독소형 식중독 : 포도상구균, 보툴리누스

• 감염형 식중독 : 살모넬라, 장염비브리오, 병원성 대장균, 웰치균

05 다음 중 칼슘(Ca)과 인(P)의 대사이상이 올 수 있으며, 골연화증을 유발하는 유해금속은?

① 철(Fe)

② 카드뮴(Cd)

③ 은(Ag)

④ 주석(Sn)

해설

• 카드뮴(Cd)의 노출로 골연화, 단백뇨와 신장 장애를 일으킨다.

• 카드뮴(Cd)은 이타이이타이병, 수은(Hg)은 미나마타병을 유발한다.

06 동물의 결체 조직에 있는 경단백질이고 가열에 의해서 유도단백질로 변하는 것은?

① 히스톤

② 엘라스틴

③ 알부민

④ 콜라겐

해설

동물의 결체 조직에 있는 콜라겐을 물에 장시간 끓이면 젤라틴이라는 유도단백질을 얻는다.

정답
01 ④　02 ①　03 ①　04 ②　05 ②　06 ④

07 식품 100g에 질소가 16g 함유되어 있으면 단백질의 함량은?

① 25　　　　　　② 100
③ 75　　　　　　④ 508

> 해설
> • 단백질 중에는 질소 함유량은 평균 16%이다. 단백질 분해하여 생기는 질소의 양에 6.25를 곱하면 단백질의 양을 구할수 있다.
> • 6.25×16=100

08 다음 중 유지의 발연점에 영향을 미치는 요인이 아닌 것은?

① 사용횟수
② 노출된 유지의 표면적
③ 유리지방산의 함량
④ 용해도

> 해설
> 유리지방산의 함량이 많을수록, 이물질이 많을수록, 노출된 유지의 표면적이 넓을수록 발연점이 낮아진다.

09 유지품질의 지표로서 가장 옳은 것은?

① 글리세리드의 양
② 불포화지방산
③ 필수지방산
④ 유리지방산

> 해설
> 유지의 산화에 의해서 유리지방산과 글리세롤이 생성, 산가를 측정하여 유리지방산 함량을 측정하면 산패를 알 수 있다.

10 유지에서 과산화물이 분해되어 생성되는 냄새의 물질은?

① 피페리딘　　　　② 암모니아
③ 알데히드류　　　④ 트리메틸아민

> 해설
> 알데히드류나 케톤류가 생성되어 냄새가 난다.

11 다음 중 저장과 수분과의 관계에 대한 설명으로 틀린 것은?

① 일반적으로 효소반응, 비효소적 갈변반응, 산화반응의 반응속도는 수분활성도 저하에 따라서 느려진다.
② 수분활성도를 조절하면 미생물의 번식을 막을 수가 있다.
③ 식품 성분에 수분이 많을 면 지질의 산화가 억제된다.
④ 수분 함량이 적을수록 저장성과 안정성이 커진다.

> 해설
> 단순히 수분 함량에 따라 저장성의 높고 낮음이 결정지되는 않는다.

12 당용액(설탕)이 캐러멜로 되는 일반적인 온도는?

① 50~60℃　　　　② 70~80℃
③ 100~110℃　　　④ 160~180℃

> 해설
> 당용액(설탕)을 160~180℃ 정도로 가열하면 당이 분해되어 갈색의 캐러멜이 생성된다.

13 다음 중 육류의 사후강직에 대한 설명으로 옳은 것은?

① 도살 직전 운동량이 많으면 강직이 빠르게 진행된다.
② 사후강직 상태의 고기는 신선하고 맛이 좋다
③ 동물의 크기가 크면 사후강직이 빠르게 진행된다
④ 근육 높을수록 강직 시작이 늦다.

> 해설
> • 사후강직 상태의 고기는 단단하고 질기며, 맛이 없고 가열을 해도 쉽게 연해지지 않는다.
> • 동물의 크기가 크면 사후강직이 더디고 경직이 지속되는 시간도 긴 편이다. 같은 종류의 동물인 경우에는 근육 온도가 높을수록 근육의 에너지원이 빠르게 소모되므로 강직이 빠르게 진행된다.

정답　**07** ②　**08** ④　**09** ④　**10** ③　**11** ④　**12** ④　**13** ①

14 오이지의 녹색이 시간이 지나면서 갈색으로 되는 이유는?

① 클로로필의 마그네슘이 철로 치환되므로
② 클로로필의 수소가 질소로 치환되므로
③ 클로로필의 마그네슘이 수소로 치환되므로
④ 클로로필의 수소가 구리로 치환되므로

해설

오이지는 시간이 지날수록 클로로필의 마그네슘이 수소로 치환되어 갈색으로 변색한다.

15 다음은 영양소의 체내 구성 비율을 나타낸 것이다. ㉠에 해당하는 영양소는?

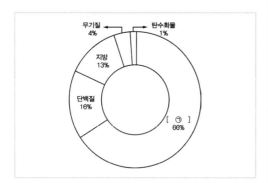

① 물　　　　　　　② 철
③ 칼슘　　　　　　④ 비타민

해설

우리 신체에서 가장 많은 비중을 차지하는 것은 수분(물)이며, 다음으로는 단백질이 많은 비중을 차지하고 있다.

16 우리 체내에서 여러 가지 생리적 기능을 조절하는 영양소?

① 단백질, 탄수화물
② 수분, 비타민
③ 비타민, 무기질
④ 단백질, 지질

해설

조절하는 기능의 영양소는 비타민, 무기질이다.

17 다음 중 Provitamin A를 많이 함유하는 식품?

① 치즈
② 사과
③ 땅콩
④ 녹황색 채소

해설

프로비타민 A인 카로틴은 당근, 고구마, 시금치 등 녹황색 채소에 함유되어 있다.

18 칼슘의 흡수를 방해하는 요인?

① 젖산
② 수산
③ 사과산
④ 구연산

해설

칼슘 흡수의 촉진은 비타민 D이다. 비타민 D의 흡수를 방해하는 수산(옥살산)이다.

19 쓴맛 물질과 식품 소재의 연결이 바르게 된 것은?

① 데오브로민(Theobromine) – 맥주
② 나린긴(Naringin) – 코코아
③ 휴물론(Humulone) – 감귤류의 과피
④ 쿠쿠르비타신(Cucurbotacin) – 오이

해설

데오브로민 – 카페인, 나린긴 – 감귤류의 과피, 휴물론 – 맥주

20 식품과 독성분이 잘못 연결된 것은?

① 감자 – 솔라닌
② 조개류 – 삭시톡신
③ 독미나리 – 시큐톡신
④ 복어 – 베네루핀

해설

복어 독은 테트로도톡신이다.

Cook Craftsman

21 다음 중 식품첨가물의 종류와 사용 목적이 바르게 연결된 것은?

① 산미료 : 식품의 품질을 개량하거나 유지하기 위한 것
② 조미료 : 식품의 관능을 만족시키기 위한 것
③ 감미료 : 식품의 변질이나 변패를 방지하기 위한 것
④ 착색료 : 식품의 영양 강화를 위한 것

<u>해 설</u>
식품의 영양 강화를 위한 것(강화제), 식품의 관능을 만족시키기 위한 것(조미료, 감미, 산미, 착색, 발색, 착향료 등), 식품의 변질, 방부, 식품의 품질을 개량(개량제)

22 과일과 채소 등을 물에 넣어 가열할 때 과일과 채소의 당, 수용성 비타민과 무기질이 세포벽을 통과하여 조리수로 용출되는 현상은?

① 분리   ② 삼투
③ 확산   ④ 흡착

<u>해 설</u>
확산
투과성막을 중심으로 한 쪽은 진용액, 다른 한 쪽은 순수한 물이 존재할 경우 그 막을 통하여 용액에 있는 용질이 물 쪽으로 이동하는 현상(물의 농도를 진용액의 농도와 같게 하려는 성질이 있음)

23 식품의 변화 현상에 대한 설명 중 틀린 것은?

① 산패 : 유지식품의 지방질 산화
② 발효 : 화학물질에 의한 유기화합물의 분해
③ 변질 : 식품의 품질 저하
④ 부패 : 단백질과 유기물이 부패미생물에 의해 분해

<u>해 설</u>
발효
미생물의 작용으로 알코올, 유기산 등의 유용한 물질을 생성한다.

24 다음 중 세균에 의한 감염은?

① 폴리오   ② 인플루엔자
③ 장티푸스   ④ 유행성 감염

<u>해 설</u>
• 바이러스에 의한 감염 : 폴리오, 홍역, 유행성 감염, AIDS, 두창, 인플루엔자 등
• 세균에 의한 감염 : 장티푸스

25 다음 중 통조림의 관에서 유래될 수 있는 식중독 원인 물질은?

① 카드뮴   ② 수은
③ 페놀   ④ 주석

<u>해 설</u>
통조림의 관의 주원료는 주석이며, 내용물의 강산성으로 캔의 부식을 일으킬 경우 주석이 용출될 수도 있다.

26 다음 중 식품위생법상에서 위해 식품 등의 판매 등 금지내용이 아닌 것은?

① 비위생적이고 이물질이 섞이고 다른 물질이 첨가되어 인체의 건강을 해칠 우려가 있는 것
② 유독 · 유해물질이 들어 있으나 식품의약품안전처장이 인체의 건강을 해할 우려가 없다고 인정한 것
③ 병원 미생물에 오염되고 인체의 건강을 해칠 우려가 있는 것
④ 부패하거나 설익어서 인체의 건강을 해칠 우려가 있는 것

<u>해 설</u>
식품의약품 안전처장이 유독 · 유해물질이 들어 있으나 인체의 건강을 해할 우려가 없다고 인정한 것은 금지규정이 아니다.

27 다음 중 식품, 식품첨가물, 기구 또는 용기 · 포장의 위생적 취급에 관한 기준을 정하는 것은?

① 보건복지부령   ② 농림수산식품부령
③ 고용노동부령   ④ 환경부령

28 식품위생법규상 무상으로 수거할 수 있는 대상 식품은?

① 도 · 소매업소에서 판매하는 식품 등을 시험 검사용으로 수거할 때

② 식품 등의 기준 및 규격 제정을 위한 참고용으로 수거할 때

③ 식품 등을 검사할 목적으로 수거할 때

④ 식품 등의 기준 및 규격 개정을 위한 참고용으로 수거할 때

29 식품위생법상 명시된 영업의 종류에 포함되지 않는 것은?

① 식품조사처리업

② 식품접객업

③ 즉석 판매제조 · 가공업

④ 먹는 샘물 제조업

30 다음 중 식품위생법상 조리사 면허를 받을 수 없는 사람은?

① 미성년자

② 마약중독자

③ B형 간염환자

④ 조리사 면허의 취소처분을 받고 그 취소된 날부터 1년이 지난 자

31 결합수의 특성으로 옳은 것은?

① 식품조직을 압착하여도 제거되지 않는다.

② 점성이 크다.

③ 미생물의 번식과 발아에 이용된다.

④ 보통의 물보다 밀도가 작다.

32 다당류에 속하는 탄수화물은?

① 펙틴

② 포도당

③ 과당

④ 갈락토오스

33 조미료의 침투속도를 고려하여 조리 시 사용순서로 옳은 것은?

① 설탕 → 식초 → 소금

② 설탕 → 소금 → 식초

③ 소금 → 식초 → 설탕

④ 소금 → 설탕 → 식초

하여야 한다(분자량 작은 조미료를 먼저 사용하면 뒤에 사용하는 분자량이 큰 조미료는 식품 중에 침투가 어려워진다).
- 설탕, 소금, 식초의 사용 시 분자량이 큰 설탕부터 사용하는 것이 요리의 풍미를 증진하기 위한 조미료의 올바른 사용 순서이다.
- 조미료의 사용 순서 : 설탕 → 소금 → 간장 → 식초 → 된장

34 유당은 동물의 유즙에만 들어 있는 이당류이다. 유당불내증 환자에게 부족한 효소는?

① 락타아제   ② 말타아제
③ 아밀로오스   ④ 디아스타아제

해설

유당
- 포유동물의 유즙에만 들어 있는 이당류이다.
- 영·유아의 뇌 발달에 필수적인 갈락토오스를 제공한다.
- 체내에는 락타아제가 있어 유당을 분해하는데, 선천성 유당불내증 환자는 락타아제가 없어 유당을 분해하지 못하므로 발효유나 유당 제거유를 먹어야 한다.

35 알코올 1g당 열량산출 기준은?

① 0kcal   ② 4kcal
③ 7kcal   ④ 9kcal

해설

단백질, 탄수화물은 4kcal, 지방 9kcal, 알코올은 7kcal 이다.

36 유지를 가열하면 점차 점도가 증가하게 되는데, 이것은 유지 분자들의 어떤 반응 때문인가?

① 산화반응
② 열분해반응
③ 중합반응
④ 가수분해반응

해설

유지를 가열하면 중합, 산화, 가수분해가 일어나는데, 중합반응은 지방 분자가 농축되어 큰 지방 분자를 형성하는 것(점성이 높아지고 영양가의 손실이 있음)이다.

37 색소 성분의 변화에 대한 설명 중 맞는 것은?

① 엽록소는 알칼리성에서 갈색화
② 플라본 색소는 알칼리성에서 황색화
③ 안토시안 색소는 산성에서 청색화
④ 카로틴 색소는 산성에서 흰색화

해설

- 엽록소 : 산에서 갈색
- 플라본 : 산에서 흰색, 알칼리에서 황색
- 안토시안 : 산에서 붉은색, 알칼리에서 청색, 중성에서 보라색
- 카로틴 : 산이나 알칼리에 변화가 없음

38 칼슘과 단백질의 흡수를 돕고 정장효과가 있는 것은?

① 설탕   ② 과당
③ 유당   ④ 맥아당

해설

유당(젖당)은 유해균 증식을 억제하여 정장작용을 한다.

39 두부를 만들 때 간수에 의해 응고되는 것은 단백질의 변성 중 무엇에 의한 것인가?

① 산   ② 효소
③ 염류   ④ 동결

해설

두부 응고제
염화칼슘, 황산칼슘, 염화마그네슘, 황산마그네슘의 염류이다.

40 호화와 노화에 관한 설명 중 틀린 것은?

① 전분의 가열 온도가 높을수록 호화시간이 빠르며, 점도는 낮아진다.
② 전분의 입자가 크고, 지질 함량이 많을수록 빨리 호화된다.
③ 수분 함량이 0~60%, 온도가 0~4℃일 때 전분의 노화는 쉽게 일어난다.
④ 60℃ 이상에서는 노화가 잘 일어나지 않는다.

- 호화는 온도가 높고 수분이 많을수록 빠르다.
- 호화가 되면 점도는 높아진다.

41 쓴 약을 먹은 뒤에 물을 마시면 단맛이 나는 것처럼 느끼게 되는 현상은?

① 변조현상

② 소실현상

③ 대비현상

④ 미맹현상

- 변조 : 맛을 본 후 그 맛을 느끼지 못하는 경우
- 대비 : 주된 맛이 상승하는 경우
- 미맹 : 일부 맛을 느끼지 못하는 경우

42 오이나 배추의 녹색이 김치를 담기었을 때 점차 갈색을 띄게 되는 것은 어떤 색소의 변화 때문인가?

① 카로티노이드(Carotenoid)

② 클로로필(Chlorophyll)

③ 안토시아닌(Anthocyanin)

④ 안토잔틴(Anthoxanthin)

클로로필(Chlorophyll)은 가열하거나 산과 접촉하게 되면 녹갈색으로 변한다. 녹색 채소류의 변색은 조리시간이 길수록, 조리온도가 낮을수록, 조리수가 적을수록 쉽게 변색된다.

43 가공 치즈(Processed Cheese)의 설명으로 틀린 것은?

① 자연 치즈에 유화제를 가하여 가열한 것이다.

② 일반적으로 자연 치즈보다 저장성이 높다.

③ 약 85℃에서 살균하여 Pasteurizde Cheese라고도 한다.

④ 가공 치즈는 매일 지속적으로 발효가 일어난다.

가공 치즈는 발효가 더 안 일어난다.

44 다음 중 달걀에 가스저장법을 하는 가장 중요한 이유는?

① 알껍데기가 매끄러워짐을 방지하기 위하여

② 알껍데기가 이산화탄소 발산을 억제하기 위하여

③ 알껍데기가 수분증발을 방지하기 위하여

④ 알껍데기가 기공을 통한 미생물 침입을 방지하기 위하여

가스저장법
주로 이산화탄소가 이용하며, 달걀껍질의 이산화탄소 발산을 억제함으로써 장기보관을 하는 방법이다.

45 다음 중 영양소의 손실이 가장 큰 조리법은?

① 바삭바삭한 튀김을 위해 튀김옷에 중조를 첨가한다.

② 푸른 채소를 데칠 때 약간의 소금을 첨가한다.

③ 감자를 껍질째 삶은 후 절단한다.

④ 쌀을 담가놓았던 물을 밥물로 사용한다.

영양소 손실이 가장 적은 조리법은 튀김이지만, 중조(베이킹소다)를 사용하면 안 된다.

46 다음 중 원가계산의 원칙이 아닌 것은?

① 진실성의 원칙

② 확실성의 원칙

③ 발생기준의 원칙

④ 비정상성의 원칙

진실성, 발생기준, 계산 경제성, 확실성, 정상성, 비교성, 상호관리의 원칙이 있다.

47 조절 영양소가 비교적 많이 함유된 식품으로 구성된 것은?

① 시금치, 미역, 귤

② 소고기, 달걀, 두부

③ 두부, 감자, 소고기

④ 쌀, 감자, 밀가루

해설

조절 영양소는 비타민과 무기질이다.

48 성인 여자의 1일 필요 열량을 2,000kcal라고 가정할 때, 이 중 20%를 단백질로 섭취할 경우 동물성 단백질의 섭취량은?(단, 동물성 단백질량은 단백질 양의 1/3로 계산함)

① 25g

② 33g

③ 75g

④ 100g

해설

1일 2,000kcal 중 20%이므로 2,000×0.20=400kcal 중 칼로리를 단백질 양으로 하려면 4로 나누어 400÷4=100g, 즉 1끼당 33.3g을 섭취하면 된다.

49 마요네즈에 대한 설명으로 틀린 것은?

① 식초는 산미를 주고, 방부성을 부여한다.

② 마요네즈를 만들 때 너무 빨리 저어주면 분리되므로 주의한다.

③ 사용되는 기름은 냄새가 없고, 고도로 분리정제가 된 것을 사용한다.

④ 새로운 난황에 분리된 마요네즈를 조금씩 넣으며 저어주면, 마요네즈 재생이 가능 하다.

해설

마요네즈를 만들 때는 빠르게 저어야 분리가 되지 않는다.

50 구매한 식품의 재고 관리 시 적용되는 방법 중 구입하여 먼저 입고된 식품부터 사용하는 것으로, 가장 오래된 물품이 재고로 남지 않는 것은?

① 선입선출법

② 후입선출법

③ 총 평균법

④ 최소-최대관리법

해설

선입선출법은 먼저 입고된 식품을 먼저 사용하는 방법이다.

51 주로 동물성 식품에서 기인하는 기생충은?

① 회충

② 구충

③ 동양모양선충

④ 유구조충

해설

• 구충 : 채소와 함께 경구 감염되어 인체의 소장, 십이지장에 기생

• 회충 : 채소에 부착한 충란을 섭취함으로써 발생하는 선충이며, 소장 상부에 기생

• 동양모양선충 : 초식동물의 창자에 기생하며 소장에 알을 낳고, 피부를 통한 경피감염이 특징

• 유구조충 : 중간숙주는 돼지

52 인구정지형으로 출생률과 사망률이 모두 낮은 인구형은?

① 피라미드형

② 별형

③ 항아리형

④ 종형

해설

• 피라미드형 : 인구증가형이라고도 하며, 전체 인구에서 유·소년층이 큰 비중을 차지하는 인구 성장의 1단계에 해당하는 다산다사의 특징

• 별형 : 청·장년층 전입 인구가 증가하며, 도시나 신개발지에서 나타나는 유형

• 항아리형 : 유소년은 적고, 장년층이 많은 유형

53 식품이 나타내는 수증기압이 1.5기압이고, 그 온도에서 순수한 물의 수증기압이 3.0기압 일 때 식품의 상대습도(RH)는?

① 40

② 50

③ 60

④ 80

해설

Aw＝P(식품 속의 수증기압) / Po(순수한 물의 수증기압)

Rh＝(P/Po)×100＝Aw×100＝(1.5/3.0)×100＝50

54 공기의 자정작용과 관계가 없는 것은?

① 희석작용

② 세정작용

③ 환원작용

④ 살균작용

해설

공기 자체의 희석작용, 강우·강설 등에 의한 세정작용, 산소·오존 등에 의한 산화작용, 자외선에 의한 살균작용, 식물에 의한 탄소동화작용이 있다.

55 예비처리 → 본처리 → 오니처리의 순서로 진행되는 것은?

① 하수처리

② 쓰레기처리

③ 상수도처리

④ 지하수처리

해설

하수 처리 과정

예비처리	보통침전과정, 약품침전과정(황산알미늄, 염화제1철＋소석회)
본처리	• 혐기성처리 : 부패조처리법, 임호프탱크처리법, 혐기성소화(메탄발효법) • 호기성처리 : 활성오니법, 살수여과법, 산화지법, 회전원판법
오니처리	소화법, 소각법, 퇴비법, 사상건조법

56 다음 중에서 진동이 심한 작업을 하는 사람에게 국소진동장애로 생길 수 있는 직업병은?

① 진폐증

② 파킨슨씨병

③ 잠함병

④ 레이노드병

해설

레이노드병

말초신경장애로 인한 손가락 주변의 국소성 혈관 경련이 발생한다.

57 이산화탄소(CO_2)를 실내공기의 오탁 지표로 사용하는 가장 주된 이유는?

① 유독성이 강하므로

② 실내공기 조성의 전반적인 상태를 알 수 있으므로

③ 일산화탄소로 변화되므로

④ 항상 산소량과 반비례하므로

해설

이산화탄소

실내공기 조성의 전반적인 상태를 알 수 있으므로 실내공기의 오탁 지표로 사용한다.

58 폐기물 관리법에서 소각로 소각법의 장점으로 틀린 것은?

① 소각법은 위생적으로 처리하는 방법이다.

② 소각법은 다이옥신(Dioxin)의 발생이 없다.

③ 소각법은 잔류물이 적어 매립하기에 적합하다.

④ 소각법은 매립법에 비해 설치 면적이 적다.

해설

쓰레기 소각장에서 나오는 환경호르몬은 다이옥신이다.

59 다음 중 개량식 간장의 발효에 관여하는 주된 미생물은?

① 황국균

② 고초균

③ 효모

④ 유산균

해|설

• 개량식 간장은 황국균 등에 의해 분비된 효소들에 의해서 콩 단백질, 탄수화물이 분비되어 감칠맛과 단맛이 강하다.

• 고초균은 청국장 제조균, 효모는 제빵효모이고, 유산균은 발효유 제조 균이다.

60 김치의 발효에 관여하는 주된 미생물로만 되어있는 것은?

① 방선균, 곰팡이

② 젖산균, 효모군

③ 곰팡이, 젖산균

④ 초산균, 바실러스균

해|설

김치 발효에 관여하는 미생물로는 젖산균, 효모균이 중요하다.

01 사람이 평생 동안 매일 섭취하여도 아무런 장해가 일어나지 않는 최대량으로 1일 체중 kg당 mg수로 표시하는 것은?

① 최대무작용량(NOEL)

② 1일 섭취 허용량(ADI)

③ 50% 치사량(LD_{50})

④ 50% 유효량(ED_{50})

[해설]

1일 섭취 허용량(ADI)
사람이 일생 동안 섭취하여도 아무런 영향이 나타나지 않을 것으로 예상되는 양으로 체중 kg당 mg수로 표시한다.

02 바지락 속에 들어 있는 독성분은?

① 베네루핀(Venerupin)

② 솔라닌(Solanine)

③ 무스카린(Muscarine)

④ 아마니타톡신(Amanitatoxin)

[해설]

• 감자독 : 솔라닌
• 버섯독 : 무스카린, 아마니타톡신

03 다음 중 잠복기가 가장 짧은 식중독은?

① 황색포도상구균 식중독

② 살모넬라균 식중독

③ 장염 비브리오 식중독

④ 장구균 식중독

[해설]

황색포도상구균
잠복기 짧음, 장독소, 엔테로도톡신, 화농성 질환

04 세균 번식이 잘되는 식품과 가장 거리가 먼 것은?

① 온도가 적당한 식품

② 수분을 함유한 식품

③ 영양분이 많은 식품

④ 산이 많은 식품

[해설]

산은 세균 번식을 억제하는 작용을 한다.

05 세균성 식중독과 병원성 소화기계 감염병을 비교한 것으로 틀린 것은?

	세균성 식중독	병원성 소화기계 감염병
①	많은 균량으로 발병	균량이 적어도 발병
②	2차 감염이 빈번함	2차 감염이 없음
③	식품위생법으로 관리	감염병예방법으로 관리
④	비교적 짧은 잠복기	비교적 긴 잠복기

[해설]

세균성 식중독은 2차 감염이 없다.

06 관능을 만족시키는 식품첨가물이 아닌 것은?

① 동클로로필린나트륨

② 질산나트륨

③ 아스파탐

④ 소르빈산

[해설]

소르빈산은 보존료(방부제)이다.

07 생선 및 육류의 초기부패 판정 시 지표가 되는 물질에 해당되지 않는 것은?

① 휘발성염기질소(VBN)

② 암모니아(Ammonia)

③ 트리메틸아민(Trimethylamine)

④ 아크롤레인(Acrolein)

해설

휘발성 염기류인 암모니아와 트리메틸아민은 어육의 신선도가 저하되면 증가한다.

08 중금속에 대한 설명으로 옳은 것은?

① 비중이 4.0 이하인 금속을 말한다.

② 생체기능 유지에 전혀 필요하지 않다.

③ 다량이 축적될 때 건강장애가 일어난다.

④ 생체와의 친화성이 거의 없다.

해설

중금속은 비중이 4.0 이상인 금속 원소들을 말한다. 인체에 정상적 기능을 위해 필요한 중금속도 있지만 독성이 강한 유해중금속이 체내에 들어와 분해가 잘 되지 않고 축적되기 때문에 다량이 축적되면 문제가 된다.

09 이타이이타이병과 관계있는 중금속 물질은?

① 수은(Hg)

② 카드뮴(Cd)

③ 크롬(Cr)

④ 납(Pb)

해설

이타이이타이병은 카드뮴의 중독 증상이다.

10 오래된 과일이나 산성 채소 통조림에서 유래되는 화학성 식중독의 원인물질은?

① 칼슘

② 주석

③ 철분

④ 아연

해설

통조림 내부는 주석으로 도금이 되어 있으므로 개봉 후 공기와 접촉하면 단시간에 녹이 슬 수 있다.

11 조리사 또는 영양사 면허의 취소처분을 받고 그 취소된 날부터 얼마의 기간이 경과되어야 면허를 받을 자격이 있는가?

① 1개월

② 3개월

③ 6개월

④ 1년

해설

조리사 또는 영양사 면허의 취소처분을 받고 그 취소된 날부터 1년이 지나면 시험에 다시 응시할 수 있고, 시험에 합격하여야 면허를 다시 받을 수 있다.

12 식품위생법상 출입·검사·수거에 대한 설명 중 틀린 것은?

① 관계 공무원은 영업소에 출입하여 영업에 사용하는 식품 또는 영업시설 등에 대하여 검사를 실시한다.

② 관계 공무원은 영업상 사용하는 식품 등을 검사를 위하여 필요한 최소량이라 하더라도 무상으로 수거할 수 없다.

③ 관계 공무원은 필요에 따라 영업에 관계되는 장부 또는 서류를 열람할 수 있다.

④ 출입·검사·수거 또는 열람하려는 공무원은 그 권한을 표시하는 증표를 지니고, 이를 관계인에 내보여야 한다.

해설

식품 등 검사를 위해서는 무상으로 수거할 수 있다.

13 일반음식점의 모범업소의 지정기준이 아닌 것은?

① 화장실에 1회용 위생종이 또는 에어타월이 비치되어 있어야 한다.

② 주방에는 입식조리대가 설치되어 있어야 한다.

③ 1회용 물컵을 사용하여야 한다.

④ 종업원은 청결한 위생복을 입고 있어야 한다.

해설

일회용품 사용을 억제해야 한다.

14 우리나라 식품위생법 등 식품위생 행정업무를 담당하고 있는 기관은?

① 환경부

② 고용노동부

③ 보건복지부

④ 식품의약품안전처

해설

우리나라 식품위생법 등 식품위생 행정업무를 담당하고 있는 기관은 식품의약품안전처이다.

15 소분업 판매를 할 수 있는 식품은?

① 전분   ② 식용유지

③ 식초   ④ 빵가루

해설

소분판매 가능 식품
된장, 식빵, 우동 등

16 탄수화물의 조리가공 중 변화되는 현상과 가장 관계 깊은 것은?

① 거품생성

② 호화

③ 유화

④ 산화

해설

녹말에 물을 넣어 가열하면 부피가 늘어나고, 점성이 생겨서 풀처럼 끈적끈적하게 된다.

17 색소를 보존하기 위한 방법 중 틀린 것은?

① 녹색 채소를 데칠 때 식초를 넣는다.

② 매실지를 담글 때 소엽(차조기 잎)을 넣는다.

③ 연근을 조릴 때 식초를 넣는다.

④ 햄 제조 시 질산칼륨을 넣는다.

해설

녹색 채소(클로로필 색소)는 산성에서는 페오피틴(녹갈색)이 생성된다.

18 효소적 갈변반응에 의해 색을 나타내는 식품은?

① 분말 오렌지   ② 간장

③ 캐러멜   ④ 홍차

해설

홍차는 효소적 갈변반응의 대표적인 예로 탄닌의 산화 갈변반응이다.

19 단맛 성분에 소량의 짠맛 성분을 혼합할 때 단맛이 증가하는 현상은?

① 맛의 상쇄현상   ② 맛의 억제현상

③ 맛의 변조현상   ④ 맛의 대비현상

해설

맛의 대비
주된 맛 성분에 다른 맛 성분을 넣어주면 주된 맛이 강해지는 현상이다.

20 브로멜린(Bromelin)이 함유되어 있어 고기를 연화시키는 이용되는 과일은?

① 사과   ② 파인애플

③ 귤   ④ 복숭아

해설

파인애플은 단백질 분해 효소(브로멜린)를 함유하고 있다.

21 지방의 경화에 대한 설명으로 옳은 것은?

① 물과 지방이 서로 섞여 있는 상태이다.

② 불포화지방산에 수소를 첨가하는 것이다.

③ 기름을 7.2℃까지 냉각시켜서 지방을 여과하는 것이다.

④ 반죽 내에서 지방층을 형성하여 글루텐 형성을 막는 것이다.

해설

공유지(경화유) 제조원리
불포화지방산에 수소(H_2)를 첨가하고 니켈(Ni)과 백금(Pt)을 촉매제로 하여 액체유를 고체유로 만든 것으로, 마가린과 쇼트닝이 있다.

22 어류의 염장법 중 건염법(마른간법)에 대한 설명 중 틀린 것은?

① 식염의 침투가 빠르다.

② 품질이 균일하지 못하다.

③ 선도가 낮은 어류로 염장을 할 경우 생산량이 증가한다.

④ 지방질의 산화로 변색이 쉽게 일어난다.

해설

건염법
10~15% 식염을 사용하는 마른간법이다.

23 대두를 구성하는 콩 단백질의 주성분은?

① 글리아딘   ② 글루텔린

③ 글루텐   ④ 글리시닌

해설

글리아딘＋글루테닌＝글루텐(밀 단백질)

24 간장, 다시마 등의 감칠맛을 내는 주된 아미노산은?

① 알라닌(Alanine)

② 글루탐산(Glutamic Acid)

③ 리신(Lysine)

④ 트레오닌(Threonine)

해설

맛난맛(감칠맛)
• 이노신산 : 가다랑어 말린 것, 멸치, 육류
• 글루탐산 : 다시마, 된장, 간장
• 타우린 : 오징어, 문어, 조개류

25 열에 의해 가장 쉽게 파괴되는 비타민은?

① 비타민 C   ② 비타민 A

③ 비타민 E   ④ 비타민 K

해설

비타민 C는 수용성 비타민으로, 조리 과정 중 열에 의해 쉽게 파괴된다.

26 가열에 의해 고유의 냄새 성분이 생성되지 않는 것은?

① 장어구이   ② 스테이크

③ 커피   ④ 포도주

해설

포도주의 냄새 성분은 가열하지 않아도 발효과정에서 생성된다.

27 연제품 제조에서 탄력성을 주기 위해 꼭 첨가해야 하는 것은?

① 소금   ② 설탕

③ 펙틴   ④ 글루탐산소다

해설

연제품 제조 시 소금은 탄력성을 주는 역할을 한다. 생선의 단백질과 소금이 반응하여 그물망 구조의 액토미오신이 생성된다.

28 어떤 단백질의 질소 함량이 18%라면 이 단백질의 질소계수는 약 얼마인가?

① 5.56   ② 6.30

③ 6.47   ④ 6.67

해설

100÷18%＝5.56

29 맥아당은 어떤 성분으로 구성되어 있는가?

① 포도당 2분자가 결합된 것

② 과당과 포도당 각 1분자가 결합된 것

③ 과당 2분자가 결합된 것

④ 포도당과 전분이 결합된 것

해설

• 서당(설탕) : 포도당＋과당
• 맥아당(말토오스) : 포도당＋포도당
• 락토오스 : 포도당＋갈락토오스

정답
22 ③ **23** ④ **24** ② **25** ① **26** ④ **27** ① **28** ① **29** ①

30 1g당 발생하는 열량이 가장 큰 것은?

① 당질

② 단백질

③ 지방

④ 알코올

해 설

• 당질, 단백질 4kcal

• 알코올 7kcal

• 지방 9kcal

31 냉동생선을 해동하는 방법으로 위생적이면서 영양 손실이 가장 적은 경우는?

① 18~22℃의 실온에 둔다.

② 40℃의 미지근한 물에 담가둔다.

③ 냉장고 속에 해동한다.

④ 23~25℃의 흐르는 물에 담가둔다.

해 설

축산물 및 수산물은 높은 온도에서 해동하면 조직이 상해서 드립(Drip) 현상이 생기므로 냉장고 속이나 흐르는 냉수에서 밀폐한 채 저온해동(완만해동)시켜 즉시 조리하는 것이 좋다.

32 식품의 감별법 중 틀린 것은?

① 쌀알은 투명하고 앞니로 씹었을 때 강도가 센 것이 좋다.

② 생선은 안구가 돌출되어 있고 비늘이 단단하게 붙어 있는 것이 좋다.

③ 닭고기의 뼈(관절) 부위가 변색된 것은 변질된 것으로 맛이 없다.

④ 돼지고기의 색이 검붉은 것은 늙은 돼지에서 생산된 고기일 수 있다.

해 설

닭고기 조리 시 닭 뼈가 갈색으로 변색된 것은 냉동과 해동의 과정에서 닭 뼈 골수의 적혈구를 파괴시켜 짙은 적색으로 나타난 것이 조리 시 짙은 갈색으로 변색된 것으로, 변질된 것은 아니다.

33 다음 중 신선한 달걀은?

① 달걀을 흔들어서 소리가 나는 것

② 삶았을 때 난황의 표면이 암녹색으로 쉽게 변하는 것

③ 껍질이 매끈하고 윤기 있는 것

④ 깨보면 많은 양의 난백이 난황을 에워싸고 있는 것

해 설

흔들어 보았을 때 소리가 나면 기실이 커진 것으로 오래된 것이며, 신선한 달걀은 껍데기에 큐티클층이 남아 있어 꺼칠하다.

34 식혜를 만들 때 엿기름을 당화시키는 데 가장 적합한 온도는?

① 10~20℃

② 30~40℃

③ 50~60℃

④ 70~80℃

해 설

식혜를 만들 때 효소의 활성도를 최대한 높아지도록 하는 온도의 범위는 50~60℃이다.

35 많이 익은 김치(신김치)는 오래 끓여도 쉽게 연해지지 않는 이유는?

① 김치에 존재하는 소금에 의해 섬유소가 단단해지기 때문이다.

② 김치에 존재하는 소금에 의해 팽압이 유지되기 때문이다.

③ 김치에 존재하는 산에 의해 섬유소가 단단해지기 때문이다.

④ 김치에 존재하는 산에 의해 팽압이 유지되기 때문이다.

해 설

발효식품인 김치는 오래될수록 섬유질이 더 질겨진다.

36 조리대 배치 형태 중 환풍기와 후드의 수를 최소화할 수 있는 것은?

① 일렬형

② 병렬형

③ ㄷ자형

④ 아일랜드형

정답

30 ③   31 ③   32 ③   33 ④   34 ③   35 ③   36 ④

해설

아일랜드형은 동선이 많이 단축되어지며 공간활용이 자유로워서 환풍기와 후드의 수를 최소화할 수 있다.

37 우유를 데울 때 가장 좋은 방법은?

① 냄비에 담고 끓기 시작할 때까지 강한 불로 데운다.
② 이중냄비에 넣고 젓지 않고 데운다.
③ 냄비에 담고 약한불에서 젓지 않고 데운다.
④ 이중냄비에 넣고 저으면서 데운다.

해설

우유 단백질이 뭉치지 않게 저어서 데운다.

38 다음 조건에서 당질 함량을 기준으로 고구마 180g을 쌀로 대치하려면 필요한 쌀의 양은?

- 고구마 100g의 당질 함량 29.2g
- 쌀 100g의 당질 함량 31.7g

① 165.8g   ② 170.6g
③ 177.5g   ④ 184.7g

해설

- 고구마 100 : 29.2 = 180 : x
    100x = 5,256
    x = 52.56
- 쌀 100 : 31.7 = x : 52.56
    31.7x = 5,256
    x = 165.8

39 다음 중 단체급식 조리장을 신축할 때 우선적으로 고려할 사항을 순서대로 배열한 것은?

| 가. 위생 | 나. 경제 | 다. 능률 |

① 다 → 나 → 가   ② 나 → 가 → 다
③ 가 → 다 → 나   ④ 나 → 다 → 가

40 스파게티와 국수 등에 이용되는 문어나 오징어 먹물의 색소는?

① 타우린(Taurine)
② 멜라닌(Melanin)
③ 미오글로빈(Myoglobin)
④ 히스타민(Histamine)

41 수분 70g, 당질 40g, 섬유질 7g, 단백질 5g, 무기질 4g, 지방 3g이 들어 있는 식품의 열량은?

① 165kcal   ② 178kcal
③ 198kcal   ④ 207kcal

해설

40×4kcal＋5×4kcal＋3×9kcal＝207kcal

42 조리장의 입지조건으로 적당하지 않은 곳은?

① 급·배수가 용이하고 소음, 악취, 분진, 공해 등이 없는 곳
② 사고발생 시 대피하기 쉬운 곳
③ 조리장이 지하층에 위치하여 조용한 곳
④ 재료의 반입, 오물의 반출이 편리한 곳

해설

조리장의 위치로는 채광, 통풍, 배수가 잘되어야 하며 악취, 먼지가 유입이 되어서는 안 된다.

43 버터 대용품으로 생산되고 있는 식물성 유지는?

① 쇼트닝   ② 마가린
③ 마요네즈   ④ 땅콩버터

44 조미의 기본 순서로 가장 옳은 것은?

① 설탕 → 소금 → 간장 → 식초
② 설탕 → 식초 → 간장 → 소금
③ 소금 → 식초 → 간장 → 설탕
④ 간장 → 설탕 → 식초 → 소금

해설

분자량이 큰 순서(흡수되는 속도가 느린 것)부터 사용한다.

정답
37 ④   38 ①   39 ③   40 ②   41 ④   42 ③   43 ②   44 ①

45 편육을 할 때 가장 적합한 삶기 방법은?

① 끓는 물에 고기를 덩어리째 넣고 삶는다.

② 끓는 물에 고기를 잘게 썰어 넣고 삶는다.

③ 찬물에서부터 고기를 넣고 삶는다.

④ 찬물에서부터 고기와 생강을 넣고 삶는다.

46 단체급식의 목적이 아닌 것은?

① 피급식자의 건강의 회복, 유지, 증진을 도모한다.

② 피급식자의 식비를 경감한다.

③ 피급식자에게 물질적 충족을 준다.

④ 영양교육과 음식의 중요성을 교육함으로써 바람직한 급식을 실현한다.

해설

단체급식은 건강 증진 및 음식의 중요성과 바람직한 식생활을 실현하는 데 목적을 두고 있다.

47 소화흡수가 잘 되도록 하는 방법으로 가장 적절한 것은?

① 짜게 먹는다.

② 동물성 식품과 식물성 식품을 따로따로 먹는다.

③ 식품을 잘고 연하게 조리하여 먹는다.

④ 한꺼번에 많은 양을 먹는다.

해설

식품을 잘고 연하게 조리해 먹어야 소화효소의 분해도 빠르게 진행될 수 있다.

48 젤라틴과 한천에 관한 설명으로 틀린 것은?

① 한천은 보통 28~35℃에서 응고되는데, 온도가 낮을수록 빨리 굳는다.

② 한천은 식물성 급원이다.

③ 젤라틴은 젤리, 양과자 등에서 응고제로 쓰인다.

④ 젤라틴에 생파인애플을 넣으면 단단하게 응고한다.

해설

• 젤라틴은 저온에서 응고된다.

• 생파인애플은 수분 함량이 많기 때문에 저온이 아니면 단단하게 응고되기 어렵다.

49 밀가루 반죽 시 넣는 첨가물에 관한 설명으로 옳은 것은?

① 유지는 글루텐 구조 형성을 방해하여 반죽을 부드럽게 한다.

② 소금은 글루텐 단백질을 연화시켜 밀가루 반죽의 점탄성을 떨어뜨린다.

③ 설탕은 글루텐 망사구조를 치밀하게 하여 반죽을 질기고 단단하게 한다.

④ 달걀을 넣고 가열하면 단백질의 연화작용으로 반죽이 부드러워진다.

해설

유지는 밀가루에 점탄성의 성질을 가지고 있는 글루텐 구조 형성을 방해하여 반죽을 부드럽게 하기 때문에 바삭한 튀김 시 이용하면 좋다.

50 원가계산의 목적으로 옳지 않은 것은?

① 원가의 절감 방안을 모색하기 위해서

② 제품의 판매가격을 결정하기 위해서

③ 경영손실을 제품가격에서 만회하기 위해서

④ 예산편성의 기초자료로 활용하기 위해서

해설

원가계산은 원가절감 및 예산편성의 기초자료로 쓰이며, 판매가격 결정에 사용한다.

51 다음의 상수처리 과정에서 가장 마지막 단계는?

① 급수   ② 취수

③ 정수   ④ 도수

해설

상수처리 과정은 취수 → 도수 → 정수 → 급수 단계로 진행된다.

정답
45 ① 46 ③ 47 ③ 48 ④ 49 ① 50 ③ 51 ①

52 규폐증에 대한 설명으로 틀린 것은?

① 먼지입자의 크기가 0.5~5.0㎛일 때 잘 발생한다.
② 대표적인 진폐증이다.
③ 암석가공업, 도자기공업, 유리제조업의 근로자들이 주로 많이 발생한다.
④ 일반적으로 위험요인에 노출된 근무 경력 1년 이후부터 자각증상이 발생한다.

해설

위험요인에 노출되었다하더라도 사람마다 자각증상은 모두 다르게 나타난다.

53 공중보건학의 목표에 관한 설명으로 틀린 것은?

① 건강유지
② 질병예방
③ 질병치료
④ 지역사회 보건수준 향상

해설

지역사회 전체 주민 또는 국민 전체가 하나의 연구단위이며, 국민 모두의 건강 확보 및 건강관리 전략을 모색하는 데 있다.

54 생균(Live Vaccine)을 사용하는 예방접종으로 면역이 되는 질병은?

① 파상풍
② 콜레라
③ 폴리오
④ 백일해

해설

폴리오
• 감염병 예방의 목적으로 미생물을 산 채로 제조한 백신제제이다.
• 사람에 감염·증식하지만 발병까지는 도달하지 못하도록 특정한 방법으로 병원성을 약화시킨 것을 사용하기도 하는데, 생균백신을 통해 면역력을 획득한다.

55 돼지고기를 날 것으로 먹거나 불완전하게 가열하여 섭취할 때 감염될 수 있는 기생충은?

① 유구조충
② 무구조충
③ 광절열두조충
④ 간디스토마

해설

유구조충
돼지고기의 기생충으로 날로 먹거나 덜 익혀 먹었을 경우에 감염될 수 있다.

56 소음의 측정단위는?

① dB
② kg
③ Å
④ ℃

해설

소음 측정단위는 dB(데시벨)이며, 1일 8시간 기준으로 했을 때 90dB(데시벨) 이하를 기준으로 하고 있다.

57 인수공통감염병으로 그 병원체가 세균인 것은?

① 일본뇌염
② 공수병
③ 광견병
④ 결핵

해설

세균성 감염병
디프테리아, 결핵, 장티푸스, 콜레라, 세균성이질, 페스트, 파라티푸스, 성홍열, 백일해, 매독, 임질, 나병

58 음식물이나 식수에 오염되어 경구적으로 침입되는 감염병이 아닌 것은?

① 유행성이하선염
② 파라티푸스
③ 세균성이질
④ 폴리오

해설

유행성이하선염(볼거리)은 침이나 가래 등의 비말감염을 통해 감염된다.

59 적외선에 속하는 파장은?

① 200nm

② 400nm

③ 600nm

④ 800nm

해설

적외선

• 가시광선보다 파장이 긴 전자기파

• 태양이 방출하는 빛을 프리즘으로 분산시켜 보았을 때 적색선의 끝보다 더 바깥쪽에 있는 전자기파로, 800nm 정도의 파장이 이에 속함

60 매개곤충과 질병이 잘못 연결된 것은?

① 이 – 발진티푸스

② 쥐벼룩 – 페스트

③ 모기 – 사상충증

④ 벼룩 – 렙토스피라증

해설

렙토스피라증

• 북극과 남극 외의 어느 지역에서나 발생할 수 있는 감염증

• 가축이나 야생동물의 소변으로 전파, 감염됨

• 동물(쥐)의 소변이나 조직으로 오염된 하천이나 호수를 여러 명이 함께 이용할 때 집단 발생할 수 있음

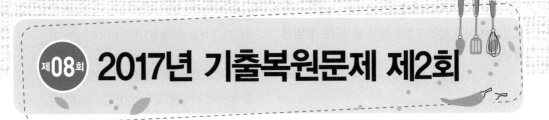

01 식품에 존재하는 유기물질을 고온으로 가열할 때 단백질이나 지방이 분해되어 생기는 유해물질은?

① 에틸카바메이트(Ethylcarbamate)
② 다환방향족탄화수소(Polycyclic Aromatic Hydrocarbon)
③ 엔-니트로소아민(N-nitrosoamine)
④ 메탄올(Methanol)

해설
다환방향족탄화수소는 유기물질을 불완전 연소로 생성된다.

02 식품의 위생과 관련된 곰팡이의 특징이 아닌 것은?

① 수분 13% 이하에서 잘 자란다.
② 대부분 생육에 산소를 요구하는 절대 호기성 미생물이다.
③ 곰팡이 독을 생성하는 것도 있다.
④ 곡식류의 품질을 저하시킨다.

해설
곰팡이 억제 방법으로 수분을 13% 이하로 조절한다.

03 다음 중 대장균의 최적증식온도 범위는?

① 0~5℃   ② 5~10℃
③ 30~40℃   ④ 55~75℃

해설
질병을 일으키는 온도 범위는 30~40℃이다.

04 모든 미생물을 제거하여 무균 상태로 하는 조작은?

① 소독   ② 살균
③ 멸균   ④ 정균

해설

멸균	병원균, 비병원균, 모든 미생물과 아포(알)까지 완전 사멸
살균	미생물을 사멸
소독	병원미생물의 생육을 약화시키거나 감염력을 없애버림
방부	미생물의 생육을 억제시키거나 정지시켜 부패를 방지(일시적 효과)

05 60℃에서 30분간 가열하면 식품안전에 위해가 되지 않는 세균은?

① 살모넬라균
② 클로스트리디움 보툴리늄균
③ 황색포도상구균
④ 장구균

해설
• 살모넬라균의 특징은 급격한 발열이다.
• 잠복기는 12~48시간으로 비교적 많은 양을 섭취했을 때 감염된다.
• 예방방법으로 가금류나 돼지고기, 소고기 등을 완전히 익혀서 조리한다.
• 클로스트리디움 보툴리늄은 가열온도 120℃에서 20분 이상 가열 시 안전하다.

정답
01 ② 02 ① 03 ③ 04 ③ 05 ①

Part 07 기출복원문제 • 135

06 육류의 발색제로 사용되는 아질산염이 산성 조건에서 식품 성분과 반응하여 생성되는 발암성 물질은?

① 지질 과산화물(Aldehyde)
② 벤조피렌(Benzopyrene)
③ 니트로사민(Nitrosamine)
④ 포름알데히드(Formaldehyde)

해설

니트로사민은 식품의 제조 과정에서 질산염 및 아질산염 등 발색제 첨가로 생성되는 발암물질이다.

07 사용이 허가된 산미료는?

① 구연산　　　② 계피산
③ 말톨　　　　④ 초산에틸

해설

사용이 허가된 산미료의 종류
구연산, 빙초산, 구연산칼륨, 글루콘산, 초산나트륨, 젖산나트륨, 주석산, 호박산

08 식품과 자연독의 연결이 맞는 것은?

① 독버섯 – 솔라닌(Solanine)
② 감자 – 무스카린(Muscarine)
③ 살구씨 – 파세오루나틴(Phaseolunatin)
④ 목화씨 – 고시폴(Gossypol)

해설

· 독버섯 – 무스카린
· 감자 – 솔라닌
· 살구씨 – 아미그달린

09 식품첨가물 중 보존료의 목적을 가장 잘 표현한 것은?

① 산도 조절
② 미생물에 의한 부패 방지
③ 산화에 의한 변패 방지
④ 가공과정에서 파괴되는 영양소 보충

해설

보존료(방부제)는 부패를 방지하는 첨가물이다.

10 알레르기성 식중독을 유발하는 세균은?

① 병원성 대장균(E. coli 0157 : H7)
② 모르가넬라 모르가니(Morganella Morganii)
③ 엔테로박터 사카자키(Enterobacter Sakazakii)
④ 비브리오 콜레라(Vibrio Cholerae)

해설

· 알레르기 식중독 원인물질은 히스타민, 원인균은 프로테우스 모르가니
· 꽁치, 고등어, 어류의 가공품 섭취 후 몸에 두드러기가 나고 열이 나는 증상이 나타남
· 특히 부패하지 않았더라도 체질에 따라 알레르기는 발생할 수 있음

11 식품위생법상 식품위생 수준의 향상을 위하여 필요한 경우 조리사에게 교육을 받을 것을 명할 수 있는 자는?

① 관할시장
② 보건복지부장관
③ 식품의약품안전처장
④ 관할 경찰서장

해설

식품위생법상 식품위생 수준의 향상을 위하여 필요한 경우 조리사에게 교육을 받을 것을 명할 수 있는 자는 식품의약품안전처장이다.

12 식품위생법의 정의에 따른 "기구"에 해당하지 않는 것은?

① 식품 섭취에 사용되는 기구
② 식품 또는 식품첨가물에 직접 닿는 기구
③ 농산품 채취에 사용되는 기구
④ 식품 운반에 사용되는 기구

해설

농산물을 채취하는 기구는 해당 없음

13 즉석판매제조 · 가공업소 내에서 소비자에게 원하는 만큼 덜어서 직접 최종 소비자에게 판매하는 대상 식품이 아닌 것은?

① 된장　　　　　② 식빵

③ 우동　　　　　④ 어육제품

해설

소분판매 가능 식품
된장, 우동, 빵가루 등

14 식품위생법상 조리사가 식중독이나 그 밖에 위생과 관련한 중대한 사고 발생의 직무상 책임에 대한 1차 위반 시 행정처분기준은?

① 시정명령　　　　② 업무정지 1개월

③ 업무정지 2개월　　④ 면허취소

해설

식중독 발생 1차 – 1개월, 2차 – 2개월, 3차–3개월

15 식품위생법상 식품접객업 영업을 하려는 자는 몇 시간의 식품위생교육을 미리 받아야 하는가?

① 2시간　　　　　② 4시간

③ 6시간　　　　　④ 8시간

해설

영업 등을 하려는 자 : 6시간

16 카제인(casein)은 어떤 단백질에 속하는가?

① 당단백질　　　　② 지단백질

③ 도단백질　　　　④ 인단백질

해설

인단백질은 우유에 함유된 카제인과 난황에 함유된 비텔린, 포스비틴이다.

17 전분 식품의 노화를 억제하는 방법으로 적합하지 않은 것은?

① 설탕을 첨가한다.

② 식품을 냉장 보관한다.

③ 식품의 수분함량을 15% 이하로 한다.

④ 유화제를 사용한다.

해설

전분노화 촉진방법 – 냉장보관

18 과실 저장고의 온도, 습도, 기체 조성 등을 조절하여 장기간 동안 과실을 저장하는 방법은?

① 산 저장　　　　② 자외선 저장

③ 무균포장 저장　　④ CA 저장

해설

과실 저장고의 온도, 습도, 기체 조성 등을 조절하여 장기간 동안 과실을 저장하는 방법은 CA저장이다.

19 유지를 가열할 때 생기는 변화에 대한 설명으로 틀린 것은?

① 유리지방산의 함량이 높아지므로 발연점이 낮아진다.

② 연기 성분으로 알데히드(aldehyde), 케톤(ketone) 등이 생성된다.

③ 요오드값이 높아진다.

④ 중합반응에 의해 점도가 증가된다.

해설

연기 가열 시 생성물질 – 아크롤레인

20 완두콩 통조림을 가열하여도 녹색이 유지되는 것은 어떤 색소 때문인가?

① chlorophyll(클로로필)

② Cu-chlorophyll(구리-클로로필)

③ Fe-chlorophyll(철-클로로필)

④ chlorophylline(클로로필린)

해설

클로로필(엽록소)의 포르피린 고리에 결합하고 있는 마그네슘이 구리이온으로 치환한 것으로 구리는 콩류 단백질과 결합하여 안정된 푸른색 화합물을 만든다. 산이나 식염이 있는 식품에서 푸른색이 녹색으로 변색이 된다.

정답　**13** ④　**14** ②　**15** ③　**16** ④　**17** ②　**18** ④　**19** ③　**20** ②

21 신맛 성분과 주요 소재 식품의 연결이 틀린 것은?

① 구연산(citric acid) – 감귤류

② 젖산(lactic acid) – 김치류

③ 호박산(succinic acid) – 늙은 호박

④ 주석산(tartaric acid) – 포도

해설

호박산 – 조개류

22 미생물의 생육에 필요한 수분활성도의 크기로 옳은 것은?

① 세균 〉효모 〉곰팡이

② 곰팡이 〉세균 〉효모

③ 효모 〉곰팡이 〉세균

④ 세균 〉곰팡이 〉효모

해설

세균 〉효모 〉곰팡이

23 달걀 100g 중에 당질 5g, 단백질 8g, 지질 44g이 함유되어 있다면 달걀 5개의 열량은 얼마인가? (단, 달걀 1개의 무게는 50g이다.)

① 91.6kcal

② 229kcal

③ 274kcal

④ 458kcal

해설

달걀 5개(250g)

• 당질 : 5 × 2.5 × 4kcal = 50kcal

• 단백질 : 8 × 2.5 × 4kcal = 80kcal

• 지질 : 4.4g × 2.5 × 9kcal = 99kcal

• 50kcal + 80kcal + 99kcal = 229kcal

24 근채류 중 생식하는 것보다 기름에 볶는 조리법을 적용하는 것이 좋은 식품은?

① 무

② 고구마

③ 토란

④ 당근

해설

당근은 지용성이라 기름에 볶아야 흡수율이 높다.

25 다음 중 필수아미노산이 골고루 들어 있는 단백가가 가장 높은 식품은?

① 소고기

② 달걀

③ 대두

④ 버터

해설

달걀은 완전 단백질로 필수아미노산이 골고루 들어 있으며 달걀흰자에 알부민, 우유에 카제인이 있다.

26 가정에서 많이 사용되는 다목적 밀가루는?

① 강력분

② 중력분

③ 박력분

④ 초강력분

해설

중력분은 가정에서 칼국수나 만두피 등으로 사용된다.

27 산성 식품에 해당하는 것은?

① 곡류

② 사과

③ 감자

④ 시금치

해설

산성식품 – 백미밥, 밀가루 음식, 빵, 메밀국수

28 아미노산, 단백질 등이 당류와 반응하여 갈색 물질을 생성하는 반응은?

① 폴리페놀 옥시다아제(polyphenol oxidase)

② 마이야르(Maillard) 반응

③ 캐러멜화(caramelization) 반응

④ 티로시나아제(tyrosinase) 반응

해설

캐러멜화 반응은 당류를 고온으로 가열할 때 산화 및 분해 산물에 의한 중합, 축합에 의해 발생(간장, 약식, 합성청주, 소스 및 식품 가공에 이용)

29 제조 과정 중 단백질 변성에 의한 응고 작용이 일어나지 않는 것은?

① 치즈 가공　　② 두부 제조
③ 달걀 삶기　　④ 딸기잼 제조

해설
딸기잼은 설탕(60~65%)을 넣고 점성이 있도록 가열 농축한 것이다.

30 난황에 주로 함유되어 있는 색소는?

① 클로로필　　② 안토시아닌
③ 카로티노이드　　④ 플라보노이드

해설
• 난황은 카로틴 성분에 의해 노르스름하다.
• 난황에 함유되어 있는 색소는 카로티노이드 색소로, 과일과 채소류에서도 발견되는 천연색이다.

31 튀김옷의 재료에 관한 설명으로 틀린 것은?

① 중조를 넣으면 탄산가스가 발생하면서 수분도 증발되어 바삭하게 된다.
② 달걀을 넣으면 달걀 단백질의 응고로 수분 흡수가 방해되어 바삭하게 된다.
③ 글루텐 함량이 높은 밀가루가 오랫동안 바삭한 상태를 유지한다.
④ 얼음물에 반죽을 하면 점도를 낮게 유지하여 바삭하게 된다.

해설

종류	글루텐함량	10% 이하
강력분	13% 이상	식빵, 파스타, 마카로니, 피자 등
중력분	10~13%	국수류(면류), 만두피 등 다목적용
박력분	10% 이하	튀김옷, 케이크, 파이, 과자 등

32 식품구매 시 폐기율을 고려한 총발주량을 구하는 식은?

① 총발주량=(100 − 폐기율) × 100 × 인원수
② 총발주량=[(정미중량 − 폐기율) / (100 − 가식률)] × 100

③ 총발주량=(1인당 사용량 − 폐기율) × 인원수
④ 총발주량=[정미중량 / (100 − 폐기율)] × 100 × 인원수

33 달걀의 기능을 이용한 음식의 연결이 잘못된 것은?

① 응고성 – 달걀찜　　② 팽창제 – 시폰케이크
③ 간섭제 – 맑은 장국　④ 유화성 – 마요네즈

해설
달걀의 응용 – 응고성, 팽창성, 유화성

34 냉장고 사용방법으로 틀린 것은?

① 뜨거운 음식은 식혀서 냉장고에 보관한다.
② 문을 여닫는 횟수를 가능한 줄인다.
③ 온도가 낮으므로 식품을 장기간 보관해도 안전하다.
④ 식품의 수분이 건조되므로 밀봉하여 보관한다.

해설
식품을 장시간 보관 시 수분이 말라 신선함이 떨어진다.

35 식품을 고를 때 채소류의 감별법으로 틀린 것은?

① 오이는 굵기가 고르며 만졌을 때 가시가 있고 무거운 느낌이 나는 것이 좋다.
② 당근은 일정한 굵기로 통통하고 마디나 뿔이 없는 것이 좋다.
③ 양배추는 가볍고 잎이 얇으며 신선하고 광택이 있는 것이 좋다.
④ 우엉은 껍질이 매끈하고 수염뿌리가 없는 것으로 굵기가 일정한 것이 좋다.

해설
양배추는 무겁고 광택이 없어야 좋다.

36 조리장의 설비에 대한 설명 중 부적합한 것은?

① 조리장의 내벽은 바닥으로부터 5cm까지 수성 자재로 한다.
② 충분한 내구력이 있는 구조여야 한다.
③ 조리장에는 식품 및 식기류의 세척을 위한 위생적인 세척 시설을 갖춘다.
④ 조리원 전용의 위생적 수세 시설을 갖춘다.

해설

조리장의 내벽은 바닥으로부터 1m까지 내수성 자재를 사용한다.

37 고추장에 대한 설명으로 틀린 것은?

① 고추장은 곡류, 메주가루, 소금, 고춧가루, 물을 원료로 제조한다.
② 고추장의 구수한 맛은 단백질이 분해하여 생긴 맛이다.
③ 고추장은 된장보다 단맛이 더 약하다.
④ 고추장의 전분 원료로 찹쌀가루, 보릿가루, 밀가루를 사용한다.

해설

고추장이 된장보다 단맛이 더 하다.

38 다음 원가의 구성에 해당하는 것은?

직접원가 + 제조간접비

① 판매가격
② 간접원가
③ 제조원가
④ 총원가

해설

제조원가＝직접재료비＋제조간접비

39 조리 시 일어나는 현상과 그 원인으로 연결이 틀린 것은?

① 장조림 고기가 단단하고 잘 찢어지지 않음 － 물에서 먼저 삶은 후 양념간장을 넣어 약한 불로 서서히 조렸기 때문
② 튀긴 도넛에 기름 흡수가 많음 － 낮은 온도에서 튀겼기 때문
③ 오이무침의 색이 누렇게 변함 － 식초를 미리 넣었기 때문
④ 생선을 굽는데 석쇠에 붙어 잘 떨어지지 않음 － 석쇠를 달구지 않았기 때문

해설

소고기는 삶아내어 찢은 후 양념간장을 넣어 조린다.

40 식단을 작성할 때 구비해야 하는 자료로 가장 거리가 먼 것은?

① 계절 식품표
② 비, 기기 위생점검표
③ 대치 식품표
④ 식품영양구성표

해설

비, 기기 위생점검표는 위생점검 시 필요하다.

41 탈수가 일어나지 않으면서 간이 맞도록 생선을 구우려면 일반적으로 생선 중량 대비 소금의 양은 얼마가 가장 적당한가?

① 0.1%   ② 2%
③ 16%   ④ 20%

해설

중량의 2~3%가 적당하다.

42 소고기 40g을 두부로 대체하고자 할 때 필요한 두부의 양은 약 얼마인가? (단, 100g당 소고기 단백질 함량은 201g, 두부 단백질 함량은 86g으로 계산한다.)

① 70g　　　　　　② 74g

③ 90g　　　　　　④ 94g

> **해설**
> • 소고기 100g : 20.1 = 소고기 40g : x
> 　　　　　100 x = 804
> 　　　　　　　 x = 8.04
> • 두부 100g : 8.6 = x : 8.04
> 　　　　　8.6 x = 804
> 　　　　　　 x = 93.5

43 약과를 반죽할 때 필요 이상으로 기름과 설탕을 넣으면 어떤 현상이 일어나는가?

① 매끈하고 모양이 좋아진다.

② 튀길 때 둥글게 부푼다.

③ 튀길 때 모양이 풀어진다.

④ 켜가 좋게 생긴다.

> **해설**
> 밀가루에 설탕과 식용유를 많이 넣으면 글루텐 형성에 방해를 주어 점성이 떨어진다.

44 육류 조리에 대한 설명으로 맞는 것은?

① 육류를 오래 끓이면 질긴 지방조직인 콜라겐이 젤라틴화되어 국물이 맛있게 된다.

② 목심, 양지, 사태는 건열조리에 적당하다.

③ 편육을 만들 때 고기는 처음부터 찬물에서 끓인다.

④ 육류를 찬물에 넣어 끓이면 맛성분 용출이 용이해져 국물 맛이 좋아진다.

> **해설**
> • 육수 조리 시 – 찬물부터 끓이기
> • 편육 조리 시 – 끓는 물에 고기를 넣어 조리

45 단체급식에서 식품의 재고관리에 대한 설명으로 틀린 것은?

① 각 식품에 적당한 재고기간을 파악하여 이용하도록 한다.

② 식품의 특성이나 사용 빈도 등을 고려하여 저장 장소를 정한다.

③ 비상시를 대비하여 가능한 한 많은 재고량을 확보할 필요가 있다.

④ 먼저 구입한 것은 먼저 소비한다.

> **해설**
> 재고와 저장관리 시에는 손실의 최소화에 주의를 기울인다.

46 식혜에 대한 설명으로 틀린 것은?

① 전분이 아밀라아제에 의해 가수분해되어 맥아당과 포도당을 생성한다.

② 밥을 지은 후 엿기름을 부어 효소반응이 잘 일어나도록 한다.

③ 80℃의 온도가 유지되어야 효소반응이 잘 일어나 밥알이 뜨기 시작한다.

④ 식혜 물에 뜨기 시작한 밥알은 건져내어 냉수에 헹구어 놓았다가 차게 식힌 식혜에 띄워낸다.

> **해설**
> 식혜 발효의 최적온도는 55~60℃이다.

47 중조를 넣어 콩을 삶을 때 가장 문제가 되는 것은?

① 비타민 B_1의 파괴가 촉진됨

② 콩이 잘 무르지 않음

③ 조리수가 많이 필요함

④ 조리시간이 길어짐

> **해설**
> 콩이 잘 무르고, 조리시간이 단축되나 비타민 B_1의 파괴가 촉진된다.

정답　**42** ④　**43** ③　**44** ④　**45** ③　**46** ③　**47** ①

48 고기를 연하게 하기 위해 사용하는 과일에 들어 있는 단백질 분해효소가 아닌 것은?

① 피신(ficin)

② 브로멜린(bromelin)

③ 파파인(papain)

④ 아밀라아제(amylase)

해 설

아밀라아제는 녹말의 가수분해 효소이다.

49 찹쌀떡이 멥쌀떡보다 더 늦게 굳는 이유는?

① pH가 낮기 때문에

② 수분함량이 적기 때문에

③ 아밀로오스의 함량이 많기 때문에

④ 아밀로펙틴의 함량이 많기 때문에

해 설

아밀로펙틴 함량이 높으면 호화는 느리고 노화도 느리다.

50 다음 중 일반적으로 폐기율이 가장 높은 식품은?

① 살코기　　　② 달걀

③ 생선　　　　④ 곡류

해 설

생선은 가시와 뼈가 있어 폐기율이 높다.

51 하수오염 조사 방법과 관련이 없는 것은?

① THM의 측정

② COD의 측정

③ DO의 측정

④ BOD의 측정

해 설

하수오염 조사 방법
COD의 측정, DO의 측정, BOD의 측정

52 다음 중 가장 강한 살균력을 갖는 것은?

① 적외선　　　② 자외선

③ 가시광선　　④ 근적외선

해 설

자외선은 강한 살균력이 있다.

53 호흡기계 감염병이 아닌 것은?

① 폴리오　　　② 홍역

③ 백일해　　　④ 디프테리아

해 설

폴리오는 분변, 경구감염으로 오염된다.

54 학교 급식의 교육 목적으로 옳지 않은 것은?

① 편식 교육

② 올바른 식생활 교육

③ 빈곤 아동들의 급식 교육

④ 영양에 대한 올바른 교육

해 설

학교 급식의 목적은 균형 잡힌 성장과 건강이 목적이다.

55 채소로부터 감염되는 기생충으로 짝지어진 것은?

① 편충, 동양모양선충

② 폐흡충, 회충

③ 구충, 선모충

④ 회충, 무구조충

해 설

채소로부터 감염되는 감염병 : 회충, 구충(십이지장충), 요충, 동양모양선충, 편충

56 감각온도의 3요소가 아닌 것은?

① 기온　　　　② 기습
③ 기류　　　　④ 기압

해설
감각온도 3요소 : 기온, 기습, 기류

57 인수공통감염병에 속하지 않는 것은?

① 광견병
② 탄저
③ 고병원성조류인플루엔자
④ 백일해

해설
백일해는 호흡기에 의한 감염이다.

58 기생충과 중간숙주의 연결이 바른 것은?

① 간흡충 - 왜우렁이 → 붕어, 잉어
② 폐흡충 - 다슬기 → 은어
③ 요코가와흡충 - 다슬기 → 가재, 게
④ 광절열두조충 - 물벼룩 → 붕어, 잉어

해설
• 간흡충 - 왜우렁이 → 붕어, 잉어
• 폐흡충 - 다슬기 → 가재, 게
• 요코가와흡충 - 다슬기 → 은어
• 광절열두조충 - 물벼룩 → 송어, 연어

59 폐기물 소각 처리시의 가장 큰 문제점은?

① 악취가 발생되며 수질이 오염된다.
② 다이옥신이 발생한다.
③ 처리방법이 불쾌하다.
④ 지반이 약화되어 균열이 생길 수 있다.

해설
폐기물 소각 처리는 위생적이나 연소과정에서 대기오염이 발생할 수 있다.

60 공중보건사업과 거리가 먼 것은?

① 보건교육　　② 구보건
③ 감염병 치료　④ 보건행정

해설
치료는 공중보건 사업이 아니다.

01 식품위생 법규상 수입식품 검사결과 부적합한 식품 등에 대하여 취하여지는 조치가 아닌 것은?

① 수출국으로의 반송

② 식용외의 다른 용도로의 전환

③ 관할 보건소에서 재검사 실시

④ 다른 나라로의 반출

해설

식품위생 법규상 수입식품 검사결과 부적합한 수입식품 등에 대하여 수입신고인이 취해야하는 조치는 ①수출국으로의 반송 ②다른 나라로의 반출 ③농림 축산식품부장관의 승인을 받은 후 사료로의 용도 전환 폐기

02 실내의 자연환기가 잘 되는 것은 일반적으로 중성대가 어디에 위치하는 것이 좋은가?

① 바닥 가까이

② 천장 가까이

③ 바닥과 천장의 중간점에

④ 벽면 가까이

해설

중성 대는 공기가 들어오고 나가는 부분의 압력이 0인 지대를 말하는데, 천장 가까이에 있는 것이 환기량이 크다.

03 반찬그릇의 수로 한식 첩수 3첩, 5첩, 7첩, 9첩, 12첩 반상으로 결정하는 그릇의 명칭은?

① 종지

② 대접

③ 쟁첩

④ 접시

해설

쟁첩은 반상기 중에 가장 많은 수를 차지한다.

04 우리나라에서 허가되어 있는 발색제가 아닌 것은?

① 질산칼륨

② 질산나트륨

③ 아질산나트륨

④ 삼염화질소

해설

육류 발색제는 아질산나트륨, 질산나트륨, 질산칼륨으로 식육제품, 어육 소세지, 어육 햄 등에 사용한다.

05 작업장에는 유해가스, 악취, 매연 등의 배기를 위한 환기시설로써 창구가 있어야 한다. 바닥 면적의 몇 % 이상의 창구시설이 필요한가?

① 5% 이상

② 10% 이상

③ 15% 이상

④ 20% 이상

해설

환기창은 바닥면적의 5% 이상이 필요하다.

06 용어에 대한 설명 중 틀린 것은?

① 소독 : 병원성 세균을 제거하거나 감염력을 없애는 것

② 멸균 : 모든 세균을 제거하는 것

③ 방부 : 모든 세균을 완전히 제거하여 부패를 방지하는 것

④ 자외선 살균 : 살균력이 가장 큰 250~260nm의 파장을 써서 미생물을 제거하는 것

해설

• 방부 : 미생물의 생육을 억제 또는 정지시켜 부패를 방지

• 소독 : 병원 미생물의 병원성을 약화시키거나 죽여서 감염력을 없앰

정답
01 ③   02 ②   03 ③   04 ④   05 ①   06 ③

- 살균 : 미생물을 사멸
- 멸균 : 비병원균, 병원균 등 모든 미생물과 아포까지 완전히 사멸
- 소독력의 크기순 : 멸균 〉 살균 〉 소독 〉 방부

07 소독 등 환경위생을 철저히 함으로써 예방효과가 있는 전염병은?

① 디프테리아　　② 콜레라
③ 백일해　　④ 홍역

해설

소독 등 환경위생과 관계가 있는 질병은 소화기계 전염병으로 콜레라, 장티푸스 등이 있다.

08 구충, 구서의 일반 원칙과 가장 거리가 먼 것은?

① 구제대상동물의 발생원을 제거한다.
② 대상동물의 생태, 습성에 따라 실시한다.
③ 광범위하게 동시에 실시한다.
④ 성충시기에 구제한다.

해설

발생초기에 즉시 실시하며 유충 상태에서 구제한다.

09 다음 중 안전관리에 대한 설명이 바른 것은 무엇인가?

① 난로는 불을 붙인 채 기름을 넣는 것이 좋다.
② 조리실 바닥의 음식찌꺼기는 모아 두었다 한꺼번에 치운다.
③ 떨어지는 칼은 위생을 생각하여 즉시 잡도록 한다.
④ 깨진 유리를 버릴 때는 '깨진 유리'라는 표시를 해서 버린다.

해설

난로는 기름을 넣은 뒤 불을 붙이고, 조리실 바닥의 음식물 찌꺼기는 발견 즉시 바로 처리하며, 떨어지는 칼은 잡지 않고 피해 안전사고를 예방한다.

10 작업 시 근골격계 질환을 예방하는 방법으로 알맞은 것은?

① 조리기구의 올바른 사용 방법 숙지
② 작업 전 간단한 체조로 신체 긴장 완화
③ 작업대 정리정돈
④ 작업보호구 사용

해설

작업 시 근골격계 질환을 예방하기 위해서는 안전한 자세로 조리하고, 작업 전 간단한 체조로 신체의 긴장을 완화하는 것이 좋다.

11 다음 중 물과 관련된 보건문제와 거리가 먼 것은?

① 레이노드병(Raynaud's disease)의 원인
② 수도열(Hannover fever)의 원인
③ 기생충 질병의 원인
④ 중금속 물질의 오염원

해설

레이노드병은 진동작업에서 오는 직업병으로 뼈 관절 신경, 근육, 혈관 등의 조직에 장애 발생을 말한다.

12 영양소와 해당 소화효소의 연결이 잘못된 것은?

① 단백질 – 트립신
② 탄수화물 – 아밀라아제
③ 지방 – 리파아제
④ 설탕 – 말타아제

해설

설탕 – 수크라아제

13 반상 차림에서 말하는 첩수란 무엇인가?

① 반찬의 수　　② 나물의 수
③ 장류의 수　　④ 조치류의 수

해설

"첩"이 들어가면 반찬과 관련이 있다. 반찬 담는 그릇은 쟁첩, 반찬이 3개면 3첩 반상, 반찬이 5개면 5첩 반상이다.

정답
07 ②　08 ④　09 ④　10 ②　11 ①　12 ④　13 ①

14 다음 설명 중 소독의 뜻을 가장 잘 설명하는 것은?

① 아포를 포함한 모든 균을 파괴하는 것
② 세균의 영양형(아포)만을 죽이는 조작
③ 세균의 증식을 억제시키는 조작
④ 병원성 세균만 사멸시키는 조작

해설
②는 멸균 또는 살균에 속하며, ③은 방부를 뜻한다.

15 붉은살 어류에 대한 일반적인 설명으로 맞는 것은?

① 흰살 어류에 비해 지질 함량이 적다.
② 흰살 어류에 비해 수분함량이 적다.
③ 해저 깊은 곳에 살면서 운동량이 적은 것이 특징이다
④ 조기, 광어, 가자미 등이 해당된다.

해설
• 흰살 생선 : 수온이 낮고 깊은 곳에 살며 운동량이 적고 지방함량이 5% 이하이며, 조기, 광어, 가자미, 도미 등이 있다.
• 붉은살 생선 : 수온이 높고 얕은 곳에 살며, 수분함량이 적고 지방함량이 5~20%로 많으며, 공치, 고등어, 다랑어 등이 있다.

16 식품의 갈변에 대한 설명 중 잘못된 것은?

① 감자는 물에 담가 갈변을 억제할 수 있다.
② 사과는 설탕물에 담가 갈변을 억제할 수 있다.
③ 냉동 채소의 전처리로 블레닝을 하여 갈변을 억제할 수 있다.
④ 복숭아, 오렌지 등은 갈변 원인 물질이 없기 때문에 미리 껍질을 벗겨 두어도 변색하지 않는다.

해설
복숭아의 껍질을 벗겨 공기 중에 놓으면, 폴리페놀옥시다아제에 의해 산화되어 갈색의 멜라닌으로 전환된다.

17 물리적 소독법 중 100℃, 30분씩 연 3일간 계속하는 멸균법은?

① 화염멸균법
② 유통증기멸균법
③ 간헐멸균법
④ 자불멸균법

해설
간헐멸균법은 100℃의 유통증기에서 1일 1회 30분씩, 연속 3일간 하는 완전멸균법이다.

18 녹색 채소 조리 시 중조를 가할 때 나타나는 결과에 대한 설명으로 틀린 것은?

① 진한 녹색으로 변한다.
② 비타민 C가 파괴된다.
③ 페오피틴이 생성된다.
④ 조직이 연화된다.

해설
녹색 채소에 있는 클로로필 성분은 산성(식초물)에서 녹황색(페오피틴)으로 변하고, 알칼리(중조첨가)에 진한 녹색(클로로필린)으로 변하여 비타민 C 등이 파괴되고 조직이 연화된다.

19 생선 및 육류의 초기부패를 확인하는 화학적 분석에 사용되는 성분은?

① 암모니아, 히스타민
② 지방, 비타민
③ 멜라닌, 트리메틸아민
④ 유기산, 아미노산

해설
암모니아, 히스타민, 트리메틸아민 등은 생선 및 육류의 신선도 저하시 단백질을 분해시킬 때 생성되는 악취이다.

20 전처리의 장점으로 바르지 않은 것은?

① 음식물 쓰레기가 감소한다.
② 업무의 효율성이 증가한다.
③ 당일조리가 가능해진다.

④ 위해요소의 완벽한 제거로 위생적이다.

해설

전처리 시 위생적 관리가 조금 어려워 물리적, 화학적, 생물학적 위해요소에 노출되기 쉽다.

21 50g의 달걀을 접시에 깨뜨려 놓았더니 난황 높이는 15cm, 난황 직경은 4cm이었다. 이때 난황계수는?

① 0.188
② 0.232
③ 0.336
④ 0.375

해설

난황계수 = 난황의 높이(nm) ÷ 난황의 평균직경(mm)
난황계수 = 15(nm) ÷ 40(nm) = 0.375

22 세균성 식중독 중 감염형이 아닌 것은?

① 살모넬라(Salmonella)
② 장염비브리오(Vibrio)
③ 웰치균(Welchii)
④ 포도상구균(Staphylococcus)

해설

세균성 식중독 중 포도상구균은 장독소(엔테로톡신)에 의한 독소형 식중독에 속한다.

23 다음 중 유지의 산패에 영향을 미치는 인자에 대한 설명으로 맞는 것은?

① 저장 온도가 0℃ 이하가 되면 산패가 방지된다.
② 광선은 산패를 촉진하나 그 자외선은 산패에 영향을 미치지 않는다.
③ 구리, 철은 산패를 촉진하나 납, 알루미늄은 산패에 영향을 미치지 않는다.
④ 유지의 불포화도가 높을수록 산패가 활발하게 일어난다.

해설

온도가 높을수록, 광선 및 자외선, 수분이 많을수록, 금속류(구리, 철, 납, 알루미늄 등), 유지의 불포화도가 높을수록 유지의 산패에 영향을 준다.

24 다음 중 신선하지 않은 식품은?

① 생선 : 윤기가 있고 눈알이 약간 튀어나온 것
② 고기 : 육색이 선명하고 윤기 있는 것
③ 계란 : 껍질이 반들반들하고 매끄러운 것
④ 오이 : 가시가 있고 곧은 것

해설

계란은 껍데기가 까칠까칠하고 윤기가 없는 것이 신선하다.

25 탄수화물의 분류 중 5탄당이 아닌 것은?

① 갈락토오스(galactosc)
② 자일로오스(xylose)
③ 아라비노오스(arabinose)
④ 리보오스(ribose)

해설

갈락토오스(galactose)는 6탄당이다.

26 불포화지방산을 포화지방산으로 변화시키는 경화유에는 어떤 물질이 첨가되는가?

① 산소
② 수소
③ 질소
④ 칼슘

해설

경화 : 액체상태의 기름에 수소(H_2)를 첨가하고, 니켈과 백금(Pt)을 넣어 고체형의 기름을 만든 것이다.

27 다음 중 유해성 표백제는?

① 롱가릿
② 아우라민
③ 포름알데히드
④ 사이클라메이트

해설

• 착색제 : 아우라민(단무지), 로다민 B(붉은 생강, 어묵)
• 감미료 : 둘신, 사이클라메이트
• 표백제 : 롱가릿, 형광표백제
• 보존료 : 붕산, 포름알데히드, 불소화합물, 승홍

정답 21 ④ 22 ④ 23 ④ 24 ③ 25 ① 26 ② 27 ①

28 칼국수에 생선전과 김치를 함께 차린 상차림을 무엇이라고 하는가?

① 반상　　　　　② 면상
③ 주안상　　　　④ 교자상

해설

주로 점심이나 경사스러운 날에 많이 차리며 면상이라고도 한다.

29 세균성 식중독이 병원성 소화기계 전염병과 다른 점을 나열한 다음 사항 중 틀리는 것은?

① 세균성 식중독 : 식품은 원인물질 축적체이다.
　소화기계 전염병 : 식품은 병원균의 운반체이다.
② 세균성 식중독 : 2차 오염이 가능하다.
　소화기계 전염병 : 2차 오염이 없다.
③ 세균성 식중독 : 면역이 없다.
　소화기계 전염병 : 면역을 가질 수 있다.
④ 세균성 식중독 : 잠복기가 짧은 편이다.
　소화기계 전염병 : 잠복기가 긴 편이다.

해설

세균성 식중독은 2차 감염이 없으며 소화기계 전염병은 2차 감염이 있다.

30 일반적으로 생물화학적 산소요구량(BOD)과 용존산소량(DO)은 어떤 관계가 있는가?

① BOD가 높으면 DO도 높다.
② BOD가 높으면 DO도 낮다.
③ BOD와 DO는 항상 같다.
④ BOD와 DO는 무관하다.

해설

일반적으로 생물화학적 산소요구량(BOD)과 용존산소량(DO)은 서로 반비례 관계에 있다.

31 반상용 식기와 음식이 바르게 연결된 것은?

① 김치 – 조치보
② 여자 밥그릇 – 보시기

③ 찌개그릇 – 보시기
④ 남자 밥그릇 – 주발

해설

반상차림의 식기

밥	주발(남자 밥그릇), 바리(여자 밥그릇)
국	탕기, 갱기
조치	조치보
반찬	쟁첩
김치	보시기
장류	종지
숭늉	대접

32 효소에 의한 갈변(browning)은 다음 중 어느 것인가?

① 캐러멜화 반응　　② 간장, 된장의 착색갈변
③ 과일주스의 갈변　④ 감자의 갈변

해설

감자의 갈변효소 : 티로시나아제

33 다음은 생선을 조리하는 방법을 설명한 것이다. 틀린 것은?

① 비린내를 없애기 위해 생강과 술을 넣는다.
② 처음 가열할 때 수 분간은 뚜껑을 열어 비린내를 많이 휘발시킨다.
③ 모양을 그대로 유지하고 맛을 내는 성분이 밖으로 유출되지 않도록 양념간장이 끓을 때 생선을 넣기도 한다.
④ 선도가 약간 저하된 생선은 조미를 비교적 약하게 하여 뚜껑을 열고 잠깐 끓인다.

해설

선도가 저하된 생선의 조리는 조미를 비교적 강하게 하여 뚜껑을 열고 끓인다.

34 전유어를 하기에 합당하지 않은 생선은?

① 민어　　　　　② 동태
③ 도미　　　　　④ 고등어

해 설

전유어에 알맞은 생선은 기름기가 적은 백색 어류로 민어, 도미, 동태 등이 쓰인다.

34 반입, 검수, 일시보관 등을 위해 필요한 주요 기기로 알맞은 것은?

① 운반차   ② 보온고
③ 브로일러   ④ 냉동냉장고

해 설

반입, 검수, 일시보관, 분류 및 정리를 위한 주방기구는 검수대와 계량기, 운반차, 온도계, 손소독기 등이 있다.

35 잔치국수 100그릇을 만드는 재료표가 다음과 같을 때 한 그릇의 재료비는 얼마인가? (단, 폐기율을 0%로 가정하고 총 양념비는 100그릇에 필요한 양념의 총액을 의미한다.)

구분	100그릇의 양(g)	가격 10g당 가격(원)
건국수	8,000	200원
소고기	5,000	1,400원
애호박	5,000	80원
달걀	7,000	90원
총 양념비	–	7,000(100그릇)

① 1,000원   ② 1,125원
③ 1,200원   ④ 1,033원

해 설

건국수(80×2)+소고기(50×14)+애호박(50×0.8)+달걀(70×0.9)+총양념비(70)=1,033원

36 검수시설의 요건으로 옳지 않은 것은?

① 500럭스 이상의 적절한 조도 조명시설
② 청소와 배수가 쉬운 곳
③ 안전성이 확보될 수 있는 장소
④ 물건과 사람이 이동 가능한 충분한 공간

해 설

검수구역에서는 540럭스 이상의 적절한 조도조명이 구비되어야 한다.

37 매월 고정적으로 포함해야 하는 경비는?

① 감가상각비
② 수당
③ 복리후생비
④ 교통비

해 설

고정비는 임대료, 노무비(정규직원 급여), 세금, 보험료, 감가상각비 등이 있다.

38 강화식품이란?

① 색 · 향기 · 맛을 나도록 만든 것
② 조리 시 영양소가 파괴되지 않도록 할 것
③ 본래 들어 있지 않던 성분을 첨가한 것
④ 가공과정을 간단히 하여 값싸게 만든 것

해 설

강화식품이란 식품의 제조, 가공, 조리 중에 손실되는 영양성분을 보충하여 주거나 원래 들어 있지 않은 성분을 첨가하여 영양 가치를 높인 식품을 말한다. 예 강화미, 마가린 등

39 쌀의 배유부 주성분은 무엇인가?

① 당질   ② 단백질
③ 비타민   ④ 수분

해 설

쌀의 배유는 낟알의 주된 부분으로 가식부이며 당질이 주성분이다.

40 생선을 조리할 때 생선의 냄새를 없애는 데 도움이 되는 재료로서 가장 거리가 먼 것은?

① 식초   ② 설탕
③ 된장   ④ 우유

해 설

생선의 냄새를 없애는 데 도움이 되는 재료에는 식초, 된장, 우유 등이 있다.

41 밀가루의 성분 중 글루텐(gluten)을 구성하는 주요 단백질은 어느 것인가?

① 글리아딘과 호르테인
② 글루테닌과 글리아딘
③ 제인과 글루테닌
④ 글루테닌과 호르테인

해설
밀가루에는 4종의 단백질이 있는데 그 중 글루테닌과 글리아딘이 약 85%를 차지하며 물로 반죽했을 때 글루텐(gluten)으로 된다.

42 하루 필요열량이 2,700kcal인데 이 중 12%에 해당하는 열량을 단백질에서 얻으려 한다. 이때 필요한 단백질의 양은 몇 g인가?

① 71g   ② 75g
③ 81g   ④ 85g

해설
하루 열량 2,700kcal 중 12%에 해당하는 열량은 2700 × (12/100)=324kcal 이므로 이 때의 단백질량은 324kcal ÷ 4kcal=81g

43 다음 중 식품 중에서 양질의 단백질이 가장 적게 함유된 것은 어느 것인가?

① 두부   ② 닭고기
③ 쌀밥   ④ 소고기

해설
두부(콩류), 닭고기, 소고기는 완전단백질을 가지고 있다.

44 식초 중에서 곡물이나 과실을 발효시켜 초산을 생성하는 식초는?

① 혼성식초   ② 합성식초
③ 양조식초   ④ 감식초

해설
양조식초는 곡물이나 과실을 원료로 하여 초산을 생산하는 식초이다.

45 포스파타아제 검사는 다음 어느 것과 관련된 검사인가?

① 하수처리
② 우유의 저온살균
③ 물의 정화
④ 대기오염

해설
우유의 포스파타아제 검사(phosphatase test)는 우유 살균공정의 적부판정으로 가열에 의한 phosphatase의 활성유무를 시험한다. 즉, 살균이 불충분하거나 생유가 있으면 활성(+)을 나타낸다.

46 화학물질에 의한 식중독의 원인물질과 관계가 없는 것은?

① 제조과정 중에 혼입되는 유해물질
② 기구, 용기 및 포장재료 등에서 용출 이행하는 유해물질
③ 식품 자체에 함유되어 있는 유해물질
④ 제조, 가공 및 저장 중에 생성하는 유해물질

해설
식품 자체에 함유되어 있는 유해물질로 발병되는 식중독은 자연독과 관계가 있다.

47 새우젓을 담글 때 염도는 몇 %가 적당한가?

① 10~20%   ② 15~40%
③ 50%   ④ 70%

해설
새우젓은 염도 15~40%가 적당하다.

48 펙틴이란?

① 해조류에 다량 함유된 탄수화물이다.
② 반섬유소이며 과일류에 많다.
③ 불용성이며 소화가 어렵다.
④ 장내의 박테리아에 의해 생성된다.

• 펙틴(pectin)은 반섬유소(hemi cellulose)로써 과일류에 많다.
• 해조류에는 한천, 알긴산 등의 탄수화물이 주로 많다.

49 물리적 소독법 중 100℃, 30분씩 연 3일간 계속하는 멸균법은?

① 화염멸균법
② 유통증기멸균법
③ 간헐멸균법
④ 자불멸균법

간헐멸균법은 100℃의 유통증기에서 1일 1회 30분씩, 연속 3일간 하는 완전멸균법이다.

50 음양오행설을 바탕으로 오방색인 흰색, 녹색, 노란색, 붉은색과 검은색 식품을 고명으로 사용하는 데 석이버섯의 색은?

① 검은색
② 노란색
③ 녹색
④ 붉은색

흰색(달걀흰자), 노란색(달걀의 노른자), 붉은색(홍고추, 실고추, 대추, 당근), 녹색(미나리, 오이, 풋고추, 호박), 검은색(표고버섯, 석이버섯)

51 조리에서 생선비린내를 없애는 방법 중 잘못된 것은?

① 생선을 조리하기 전에 우유에 담가둔다.
② 된장, 고추장을 넣는다.
③ 선도가 떨어지는 생선은 먼저 열탕 처리한 후 조리한다.
④ 파, 마늘은 처음부터 생선과 같이 넣어 조리한다.

생선을 끓인 후 파, 마늘을 나중에 넣어야 탈취효과가 크다.

52 소고기의 건열조리에 있어서 가장 맛이 있을 때는?

① 고기의 단백질이 응고되기 전후로 뜨거울 때
② 고기의 단백질이 완전히 응고된 후 더욱 가열하였을 때
③ 고기의 단백질이 응고하여 식은 후에
④ 고기의 단백질이 응고되기 훨씬 이전에

소고기는 단백질이 응고되기 전후에서 익힌 것이 맛이 좋고 뜨거울 때 먹어야 한다.

53 계란의 조리 중 소화가 잘 되는 것은?

① 완숙
② 반숙
③ 생것
④ 튀김

계란의 소화
반숙 → 완숙 → 생것 → 튀김의 순

54 취식자 1인당 취식면적을 10m², 식기회수공간을 취식면적의 10%로 할 때 1회 200인을 수용하는 식당의 면적은 얼마가 되는가?

① 440m²
② 400m²
③ 220m²
④ 200m²

취식자 1인당 식당면적은 취식면적 1.0m²에 하수 공간 0.1m²를 더한 것이므로 200인의 경우 1.1m² × 200 = 220m²가 필요하게 된다.

55 700℃ 이하로 구운 옹기 독에 음식물을 넣으면 옹기 벽에서 유해 물질이 용출되는데 그 문제의 유독성분은 어느 것인가?

① 주석(Sn)
② 납(Pb)
③ 아연(Zn)
④ PCB

용기의 유약 중에 함유되어 있는 납 · 구리 · 아연 · 카드뮴 등 중금속 중 특히 납의 함량이 가장 높다.

49 ③ **50** ① **51** ① **52** ① **53** ② **54** ③ **55** ②

56 단맛을 갖는 대표적인 식품과 가장 거리가 먼 것은?

① 사탕무   ② 감초

③ 벌꿀   ④ 곤약

해설

곤약은 다당류가 함유되어 있어 단맛은 거의 느껴지기 어렵다. 섬유질이 많아 분해되기 어려워 변비나 다이어트에 효과가 좋다.

57 다음 식품과 독성분이 관련이 없게 연결되어 있는 것은?

① 복어: Tetrodotoxin

② 조개류: Saxitoxin

③ 감자: Solanine

④ 독버섯: Venerupin

해설

독버섯의 독성분은 무스카린, 뉴린, 콜린, 팔린, 필지 오린, 아마니타톡신 등이다.

58 육류를 이용하여 맑고 깨끗한 국물을 만들기 위한 가장 좋은 방법은?

① 끓는 물에 고기를 넣고 강한 불로 국물을 사용한다.

② 끓인 고기국물에 계란 흰자를 첨가하여 끓인 후 걸러서 사용한다.

③ 끓는 고기국물을 흡취지에 걸러서 사용한다.

④ 끓은 고기국물을 탈지면에 걸러서 사용한다.

해설

맑고 깨끗한 육수를 만들고자 할 때에는 계란 흰자를 풀어 넣고 끓인 후 걸러서 사용한다.

59 냉동 식품과 관계가 없는 것?

① 전처리를 하고 품온이 −18℃ 이하가 되도록 급속 동결하여 포장한 식품

② 유통 시 낭비가 없는 인스턴트성 식품

③ 수확기나 어획기에 관계없이 항상 구입할 수 있는 식품

④ 일반적으로 온도가 10℃ 정도 상승해도 품질의 변화가 없는 식품

해설

냉동식품은 일반적으로 −18℃ 이하에서 유지 보관되어야 변질이 없다.

60 조리대를 배치할 때 이동을 줄일 수 있는 효율적인 방법들이다. 잘못된 것은?

① 조리대의 배치는 오른손잡이를 기준으로 생각할 때 일의 순서에 따라 우측에서 좌측으로 배치한다.

② 조리대에는 조리에 필요한 용구나 기기 등의 설비를 가까이 배치하여야 한다.

③ 각 작업공간이 다른 작업의 통로로 이용되어서는 안 된다.

④ 식기와 조리용구의 세정장소와 보관 장소를 가까이 두어 이동을 절약시켜야 한다.

해설

조리대의 배치는 일의 순서에 따라 좌측에서 우측으로 배열하는 것이 능률적이다. 즉 준비대(냉장고) → 개수대 → 조리대 → 가열대 → 배선대의 순서로 놓는 것이 좋다.

01 식품을 조리 또는 가공할 때 생성되는 유해물질과 그 생성 원인을 잘못 짝지은 것은?

① 엔-니트로소아민(N-nitrosoamine) - 육가공품의 발색제 사용으로 인한 아질산과 아민과의 반응 생성물

② 다환방향족탄화수소(polycyclicaromatic hydrocarbon) - 유기물질을 고온으로 가열할 때 생성되는 단백질이나 지방의 분해생성물

③ 아크릴아미드(acrylamide) - 전분식품 가열 시 아미노산과 당의 열에 의한 결합반응 생성물

④ 헤테로고리아민(heterocyclic amine) - 주류 제조 시 에탄올과 카바밀기의 반응에 의한 생성물

해설
헤테로고리아민은 육류를 고온에서 가열할 때 생성되는 발암물질이다.

02 3첩 반상에서 마른 반찬 대신 놓을 수 있는 음식은?

① 오이소박이　　② 깻잎장아찌

③ 장조림　　　　④ 소고기산적

해설
3첩 반상에서는 장, 젓갈, 마른 반찬 중 1개를 올려두면 된다.

03 과일 통조림으로부터 용출되어 구토, 설사, 복통의 중독 증상을 유발할 가능성이 있는 물질은?

① 안티몬　　　　② 주석

③ 크롬　　　　　④ 구리

해설
통조림에 철이 녹스는 것을 막기 위해 주석을 코팅하는데 통조림 내용물의 산성이 강할수록 통조림 캔으로부터 주석이 용출될 수 있음

04 화학성 식중독의 원인이 아닌 것은?

① 설사성 패류 중독

② 환경오염에 기인하는 식품 유독성분 중독

③ 중금속에 의한 중독

④ 유해성 식품첨가물에 의한 중독

해설
화학성 식중독 원인물질 - 환경오염, 중금속, 유해성 식품첨가물

05 안식향산(benzoic acid)의 사용 목적은?

① 식품의 산미를 내기 위하여

② 식품의 부패를 방지하기 위하여

③ 유지의 산화를 방지하기 위하여

④ 식품의 향을 내기 위하여

해설
안식향산은 방부제이다.

정답
01 ④　**02** ②　**03** ②　**04** ①　**05** ②

06 식중독 중 해산어류를 통해 많이 발생하는 식중독은?

① 살모넬라균 식중독

② 클로스트리디움 보툴리늄균 식중독

③ 황색포도상구균 식중독

④ 장염 비브리오균 식중독

해 설

어패류로부터 발생되는 식중독은 장염 비브리오균 식중독이다.

07 색소를 함유하고 있지는 않지만 식품 중의 성분과 결합하여 색을 안정화시키면서 선명하게 하는 식품첨가물은?

① 착색료

② 보존료

③ 발색제

④ 산화방지제

해 설

발색제는 본인은 무색으로 육색을 안정화시켜 선명하게 하는 식품첨가물이다.

08 식품의 부패 또는 변질과 관련이 적은 것은 압력이다. 식품의 부패 또는 변질과 관련이 적은 것은?

① 수분   ② 온도

③ 압력   ④ 효소

09 세균으로 인한 식중독 원인물질이 아닌 것은?

① 살모넬라균

② 장염비브리오균

③ 아플라톡신

④ 보툴리늄독소

해 설

아플라톡신은 곰팡이에 의한 식중독을 일으킨다.

10 온천에 서식하는 온천균 증식의 최적온도는?

① 10~12℃   ② 25~37℃

③ 55~60℃   ④ 65~75℃

해 설

저온균(15~20℃)	식품의 부패를 일으키는 부패균
중온균(15~20℃)	질병을 일으키는 병원균
고온균(55~60℃)	온천물에 서식하는 온천 균

11 업종별 시설기준으로 틀린 것은?

① 휴게음식점에는 다른 객석에서 내부가 보이도록 하여야 한다.

② 일반음식점의 객실에는 잠금장치를 설치할 수 있다.

③ 일반음식점의 객실 안에는 무대장치, 우주볼 등의 특수조명시설을 설치하여서는 안 된다.

④ 일반음식점에는 손님이 이용할 수 있는 자동 반주장치를 설치하여서는 아니 된다.

해 설

일반음식점의 객실에 잠금장치를 설치하면 안 된다.

12 HACCP의 7가지 원칙에 해당하지 않는 것은?

① 위해요소 분석

② 중요관리점(CCP) 결정

③ 개선조치방법 수립

④ 회수명령의 기준 설정

해 설

햇썹(해썹) 7가지 실행원칙

원칙1 위해요소 분석

원칙2 중요관리점

원칙3 한계기준 설정

원칙4 모니터링체계 확립, 감시

원칙5 한계기준 이탈 시 개선조치 절차 수립

원칙6 검증절차 수립

원칙7 기록유지

정답

06 ④ **07** ③ **08** ③ **09** ③ **10** ③ **11** ② **12** ④

13 판매의 목적으로 식품 등을 제조·가공·소분·수입 또는 판매한 영업자는 해당 식품이 식품 등의 위해와 관련이 있는 규정으로 위반하여 유통 중인 당해 식품 등을 회수하고자 할 때 회수계획을 보고해야 하는 대상이 아닌 것은?

① 시·도지사
② 식품의약품안전처장
③ 보건소장
④ 시장·군수·구청장

해설
보건소장은 포함되지 않는다.

14 식품위생법에 명시된 목적이 아닌 것은?

① 위생상의 위해 방지
② 건전한 유통·판매 도모
③ 식품영양의 질적 향상 도모
④ 식품에 관한 올바른 정보 제공

해설
식품으로 인한 위생상의 위해를 방지하고 식품영양의 질적 향상을 도모함으로써 국민보건의 증진에 이바지함을 목적으로 한다.

15 식품위생법상 영업에 종사할 수 있는 질병의 종류는?

① 비감염성 결핵
② 세균성이질
③ 장티푸스
④ 화농성질환

해설
비감염성은 영업에 종사하여도 무방하다.

16 우유 가공품이 아닌 것은?

① 치즈
② 연유
③ 마시멜로우
④ 아이스크림

해설
마시멜로우는 젤라틴을 이용한 가공품이다.

17 육류의 사후경직을 설명한 것 중 틀린 것은?

① 근육에서 호기성 해당과정에 의해 산이 증가된다.
② 해당과정으로 생성된 산에 의해 pH가 낮아진다.
③ 경직 속도는 도살전의 동물의 상태에 따라 다르다.
④ 근육의 글리코겐은 젖산으로 된다.

해설
근육에서 혐기성 해당 과정에 의해서 산이 증가된다.

18 효소의 주된 구성성분은?

① 지방
② 탄수화물
③ 단백질
④ 비타민

해설
효소는 각종 화학반응에서 잘 변화하지 않지만 반응의 속도를 빠르게 하는 단백질을 말한다.

19 다음 냄새 성분 중 어류와 관계가 먼 것은?

① 트리메틸아민(trimethylamine)
② 암모니아(ammonia)
③ 피페리딘(piperidine)
④ 디아세틸(diacetyl)

해설
식품의 냄새 성분
암모니아, 인돌, 페놀, 황화수소, 히스타민과 트리메틸아민

20 식품에 존재하는 물의 형태 중 자유수에 대한 설명으로 틀린 것은?

① 식품에서 미생물의 번식에 이용된다.
② -20℃에서도 얼지 않는다.
③ 100℃에서 증발하여 수증기가 된다.
④ 식품을 건조시킬 때 쉽게 제거된다.

해설
-20℃에서도 얼지 않는 것은 결합수에 대한 내용이다.

21 전분의 노화를 억제하는 방법으로 적합하지 않은 것은?

① 수분함량 조절
② 냉동
③ 설탕의 첨가
④ 산의 첨가

해설

산성은 전분의 노화에 영향이 없다.

22 우리나라에서 허가된 발색제가 아닌 것은?

① 질산나트륨
② 황산제일철
③ 질산칼륨
④ 아질산나트륨

해설

• 우리나라에서 사용이 허가된 발색제는 아질산나트륨, 질산 나트륨, 질산칼륨이다.
• 황산제일철은 탈취제, 소독제, 정수제, 폐수 처리용 응집제 에 사용되고 있다.

23 찹쌀에 대한 설명 중 맞는 것은?

① 아밀로오스 함량이 더 많다.
② 아밀로오스 함량과 아밀로펙틴의 함량이 거의 같다.
③ 아밀로펙틴으로 이루어져 있다.
④ 아밀로펙틴은 존재하지 않는다.

해설

찹쌀은 아밀로펙틴으로 이루어져 있고 멥쌀보다 소화가 용이 하며 찰기가 강하다.

24 과일 향기의 주성분을 이루는 냄새 성분은?

① 알데히드(aldehyde)류
② 함유황화합물
③ 테르펜(terpene)류
④ 에스테르(ester)류

해설

과일 향기의 성분은 에스테르류가 냄새 성분이다.

25 불건성유에 속하는 것은?

① 들기름
② 땅콩기름
③ 대두유
④ 옥수수기름

해설

건성유(대두유), 반건성유(옥수수기름), 불건성유(땅콩기름)

26 채소의 가공 시 가장 손실되기 쉬운 비타민은?

① 비타민 A
② 비타민 D
③ 비타민 C
④ 비타민 E

해설

비타민 C는 열, 빛, 산소 등에 쉽게 손실되기 쉬운 비타민이다.

27 일반적으로 포테이토칩 등 스낵류에 질소충 전 포장을 실시할 때 얻어지는 효과로 가장 거리 가 먼 것은?

① 유지의 산화 방지
② 스낵의 파손 방지
③ 세균의 발육 억제
④ 제품의 투명성 유지

해설

질소는 제품에 영향을 미치지 않는다.

28 달걀흰자로 거품을 낼 때 식초를 약간 첨가하 는 것은 다음 중 어떤 것과 가장 관계가 깊은가?

① 난백의 등전점
② 용해도 증가
③ 향 형성
④ 표백효과

해설

난백에 거품을 낼 때 소량의 식초를 첨가하면 기포력이 증가 한다.

정답
21 ④ **22** ② **23** ③ **24** ④ **25** ② **26** ③ **27** ④ **28** ①

29 붉은 양배추를 조리할 때 식초나 레몬즙을 조금 넣으면 어떤 변화가 일어나는가?

① 안토시아닌계 색소가 선명하게 유지된다.
② 카로티노이드계 색소가 변색되어 녹색으로 된다.
③ 클로로필계 색소가 선명하게 유지된다.
④ 플라보노이드계 색소가 변색되어 청색으로 된다.

해설
붉은 양배추는 안토시안색소를 함유하고 있으며 안토시안색소는 산을 첨가하면 더욱 선명해지는 특징을 가지고 있다.

30 단맛을 갖는 대표적인 식품과 가장 거리가 먼 것은?

① 사탕무　② 곤약
③ 벌꿀　④ 감초

해설
곤약은 다당류가 함유되어 있어 단맛은 거의 느껴지기 어렵다. 섬유질이 많아 분해되기 어려워 변비나 다이어트에 효과가 좋다.

31 신선한 달걀의 감별법으로 설명이 잘못된 것은?

① 햇빛(전등)에 비출 때 공기집의 크기가 작다.
② 흔들 때 내용물이 잘 흔들린다.
③ 6% 소금물에 넣으면 가라앉는다.
④ 깨트려 접시에 놓으면 노른자가 볼록하고 흰자의 점도가 높다.

해설
신선한 달걀은 흔들어서 소리가 나지 않으며, 6% 식염수에 가라앉고, 껍질이 꺼칠꺼칠한 것이 신선하다.

32 열량 영양소가 아닌 것은?

① 감자　② 쌀
③ 풋고추　④ 아이스크림

해설
열량 영양소는 단백질, 탄수화물, 지방이다.

33 마늘에 함유된 황화합물로 특유의 냄새를 가지는 성분은?

① 알리신(allicin)
② 디메틸설파이드(dimethyl sulfide)
③ 머스타드 오일(mustard oil)
④ 캡사이신(capsaicin)

해설
알리신은 마늘에 많이 함유되어 있으며 비타민 B1의 흡수를 돕는다.

34 당근의 구입단가는 kg당 1,300원이다. 10kg 구매 시 표준수율이 86%이라면, 당근 1인분(80g)의 원가는 약 얼마인가?

① 51원　② 121원
③ 151원　④ 181원

해설
10kg 구매 시 표준 수율이 86%이면 당근 실제 수량은 8600g, 구입원가는 13000원
8600g : 13000원=80g : x
8600g×x = 13000원×80g
x = 13000원×80g/8600g
x = 120.93원
x = 121원

35 다음 조립법 중 비타민 C 파괴율이 가장 적은 것은?

① 시금치 국　② 무생채
③ 고사리 무침　④ 오이지

해설
비타민 C는 열이나 공기 중에 쉽게 파괴되며 물에 잘 녹아 나오기 때문에 빠르게 바로 조리하여 먹을 수 있는 무생채가 가장 파괴율이 적다.

정답
29 ①　30 ②　31 ②　32 ③　33 ①　34 ②　35 ②

36 조리 시 일어나는 비타민, 무기질의 변화 중 맞는 것은?

① 비타민 A는 지방음식과 함께 섭취할 때 흡수율이 높아진다.

② 비타민 D는 자외선과 접하는 부분이 클수록, 오래 끓일수록 파괴율이 높아진다.

③ 색소의 고정효과로는 Ca^{++}이 많이 사용되며 식물 색소를 고정시키는 역할을 한다.

④ 과일을 깎을 때 쇠칼을 사용하는 것이 맛, 영양가, 외관상 좋다.

해설

지용성 비타민인 비타민 A는 지방과 같이 섭취할 때 흡수율이 높아진다.

37 급식 시설에서 주방 면적을 산출할 때 고려해야 할 사항으로 가장 거리가 먼 것은?

① 피급식자의 기호

② 조리 기기의 선택

③ 조리 인원

④ 식단

해설

급식 시설에서 주방 면적을 산출할 때에는 조리 인원, 식단, 조리 기기에 따라 주방면접을 고려해야 한다.

38 다음 급식시설 중 1인 1식 사용 급수량이 가장 많이 필요한 시설은?

① 학교급식

② 보통급식

③ 산업체급식

④ 병원급식

해설

공장급식은 5~10L, 학교급식은 4~6L, 병원급식은 10~20L이다.

39 생선의 비린내를 억제하는 방법으로 부적합한 것은?

① 물로 깨끗이 씻어 수용성 냄새 성분을 제거한다.

② 처음부터 뚜껑을 닫고 끓여 생선을 완전히 응고시킨다.

③ 조리 전에 우유에 담가 둔다.

④ 생선 단백질이 응고된 후 생강을 넣는다.

해설

생선을 끓일 때에는 뚜껑을 열고 조리해야 비린내를 날려보낼 수 있다.

40 총원가는 제조원가에 무엇을 더한 것인가?

① 제조간접비   ② 판매관리비

③ 이익   ④ 판매가격

해설

총원가는 제조원가에 판매관리비를 더한 것이다.

41 조리 시 첨가하는 물질의 역할에 대한 설명으로 틀린 것은?

① 식염 – 면 반죽의 탄성 증가

② 식초 – 백색 채소의 색 고정

③ 중조 – 펙틴 물질의 불용성 강화

④ 구리 – 녹색 채소의 색 고정

해설

중조는 제빵을 만들 때 팽창제로 사용되는 것이다. 펙틴은 오렌지나 감귤류의 껍질 등에 함유되어 있는 물질로 잼을 만드는 데 이용되는 것으로 중조에 대한 연결로 바르지 않다.

42 소고기의 부위 중 탕, 스튜, 찜 조리에 가장 적합한 부위는?

① 목심   ② 설도

③ 양지   ④ 사태

해설

사태

결체 조직의 함량이 높아 주로 국, 찌개, 찜 등에 이용된다.

정답

36 ①   37 ①   38 ④   39 ②   40 ②   41 ③   42 ④

43 유지의 발연점이 낮아지는 원인에 대한 설명으로 틀린 것은?

① 유리지방산의 함량이 낮은 경우

② 튀김기의 표면적이 넓은 경우

③ 기름에 이물질이 많이 들어 있는 경우

④ 오래 사용하여 기름이 지나치게 산패된 경우

해설

유리지방산의 함량이 많을수록, 이물질이 많을수록 노출된 유지의 표면적이 넓을수록 발연점이 낮아진다.

44 김치 저장 중 김치 조직의 연부현상이 일어나는 이유에 대한 설명으로 가장 거리가 먼 것은?

① 조직을 구성하고 있는 펙틴질이 분해되기 때문에

② 미생물이 펙틴분해효소를 생성하기 때문에

③ 용기에 꼭 눌러 담지 않아 내부에 공기가 존재하여 호기성 미생물이 성장번식하기 때문에

④ 김치가 국물에 잠겨 수분을 흡수하기 때문에

해설

김치 보관 시 공기와의 접촉을 차단해야 물러지지(연부현상)
않는다.

45 편육을 끓는 물에 삶아 내는 이유는?

① 고기 냄새를 없애기 위해

② 육질을 단단하게 하기 위해

③ 지방 용출을 적게 하기 위해

④ 국물에 맛 성분이 적게 용출되도록 하기 위해

해설

끓는 물에 고기를 삶으면 근육표면의 단백질이 빨리 응고되어 국물에 맛 성분이 적게 용출된다.

46 에너지 공급원으로 감자 160g을 보리쌀로 대체할 때 필요한 보리쌀 양은? (단, 감자 100g 당 질함량 : 144%, 보리쌀 100g 당질함량 : 684%)

① 20.9g   ② 27.6g

③ 31.5g   ④ 33.7g

해설

감자 160g 섭취시
100g : 14.4=160g : x
x = 14.4×160/100
x = 23.04
100g : 68.4 = x : 23.04
x = 100×23.04/68.4
x = 33.68

47 육류 조리 시 열에 의한 변화로 맞는 것은?

① 불고기는 열의 흡수로 부피가 증가한다.

② 스테이크는 가열하면 질겨져서 소화가 잘 되지 않는다.

③ 미트로프(meatloaf)는 가열하면 단백질이 응고, 수축, 변성된다.

④ 쇠꼬리의 젤라틴이 콜라겐화 된다.

해설

생고기는 말랑말랑한 상태였다가 50℃에서부터 탄탄해지기 시작한다. 60℃에서부터 오그라들기 시작해 계속 온도가 올라가면 결국 딱딱해진다. 고기 안의 미오신을 비롯한 각종 단백질들이 응고된 결과이다

48 차, 커피, 코코아, 과일 등에서 수렴성 맛을 주는 성분은?

① 타닌(tannin)

② 카로틴(carotene)

③ 엽록소(chlorophyll)

④ 안토시아닌(anthocyanin)

해설

타닌(tannin)은 차, 커피, 코코아, 익지 않은 과일등에서 수렴성 맛(떫은맛)을 주는 성분이다.

49 식단을 작성하고자 할 때 식품의 선택요령으로 가장 적합한 것은?

① 영양보다는 경제적인 효율성을 우선으로 고려한다.
② 소고기가 비싸서 대체식품으로 닭고기를 선정하였다.
③ 시금치의 대체식품으로 값이 싼 달걀을 구매하였다.
④ 한창 제철일 때 보다 한 발 앞서서 식품을 구입하여 식단을 구성하는 것이 보다 새롭고 경제적이다.

해설
소고기(단백질식품)를 닭고기(단백질식품)으로 대체할 수 있다.

50 우유의 카제인을 응고시킬 수 있는 것으로 되어 있는 것은?

① 탄닌 – 레닌 – 설탕
② 식초 – 레닌 – 탄닌
③ 레닌 – 설탕 – 소금
④ 소금 – 설탕 – 식초

해설
우유를 응고시키는 요인은 산(식초, 레몬즙), 효소(레닌), 페놀화합물(탄닌), 염류 등이 있다.

51 칼슘(Ca)와 인(P)이 소변 중으로 유출되는 골연화증 현상을 유발하는 유해 중금속은?

① 납
② 카드뮴
③ 수은
④ 주석

해설
카드뮴의 만성적 폭로에 가장 흔한 질병은 단백뇨이다. 또한 신장에서의 칼슘과 인의 소실 및 비타민 D의 합성장애로 인해 뼈의 통증과 병적 골절을 초래하기도 한다.

52 실내 공기오염의 지표로 이용되는 기체는?

① 산소
② 이산화탄소
③ 일산화탄소
④ 질소

해설
이산화탄소(CO_2)는 실내 공기오염의 지표로 이용된다.

53 기생충과 중간숙주의 연결이 틀린 것은?

① 십이지장충 – 모기
② 말라리아 – 사람
③ 폐흡충 – 가재, 게
④ 무구조충 – 소

해설
중간 숙주가 없이 채소에 의해 발생하는 기생충은 회충, 요충, 편충, 구충(십이지장충), 동양모양선충 등이다.

54 감염병 중에서 비말감염과 관계가 먼 것은?

① 백일해
② 디프테리아
③ 발진열
④ 결핵

해설
비말감염이란 기침이나 재채기를 통한 비말로 인해 감염되는 것으로 군집에서 가장 잘 이루어진다.

55 환경위생의 개선으로 발생이 감소되는 감염병과 가장 거리가 먼 것은?

① 장티푸스
② 콜레라
③ 이질
④ 인플루엔자

해설
인플루엔자는 바이러스에 의한 감염병으로 환자의 기침이나 재채기를 통해 사람에서 사람으로 전파되는 비말감염이다.

56 우리나라의 법정 감염병이 아닌 것은?

① 말라리아
② 유행성이하선염
③ 매독
④ 기생충

해설

우리나라의 법정 감염병에는 말라리아, 유행성이하선염, 매독 등이 있다.

57 수질의 오염정도를 파악하기 위한 BOD(생물화학적산소요구량) 측정 시 일반적인 온도와 측정기간은?

① 10℃에서 10일간
② 20℃에서 10일간
③ 10℃에서 5일간
④ 20℃에서 5일간

해설

• 생물화학적 산소요구량(BOD): 물 속에 녹아 있는 산소의 양, 온도가 낮을수록, 염분이 낮을수록 증가한다.
• 화학적 산소요구량(COD)가 높을수록 용존 산소량(DO)는 낮아지며 깨끗한 물에서 DO는 높고 COD는 낮다.

58 지역사회나 국가사회의 보건수준을 나타낼 수 있는 가장 대표적인 지표는?

① 모성사망률
② 평균수명
③ 질병이환율
④ 영아사망률

해설

한 국가의 건강수준을 나타내는 지표로는 영아사망률을 들 수 있다.

59 자외선에 의한 인체 건강 장해가 아닌 것은?

① 설안염
② 피부암
③ 폐기종
④ 결막염

해설

• 폐기종은 폐의 탄력성이 저하되어 영구적인 기도폐쇄를 일으키는 질환이다.
• 폐기종이 생기는 주요 요인은 흡연, 대기오염, 만성기관지염, 기관지 천식 등의 원인이 있다.

60 고열장해로 인한 직업병이 아닌 것은?

① 열경련
② 일사병
③ 열쇠약
④ 참호족

해설

참호족은 신체의 일부분이 동상에 걸린 상태를 말하며 국소저체온증을 참호족이라 한다.

01 건강검진을 받지 않아도 되는 사람은?

① 식품을 가공하는 자

② 완전 포장식품을 판매하는 자

③ 식품첨가물을 제조하는 자

④ 식품 및 식품첨가물 등의 채취자

해설

건강검진을 받아야 하는 사람

• 식품을 가공하는 자

• 식품첨가물을 제조하는 자

• 식품 및 식품첨가물 등의 채취자

02 식품위생법에서 식품위생이란 무엇을 대상으로 하는가?

① 식품

② 식품, 식품첨가물

③ 식품, 식품첨가물, 기구

④ 식품, 식품첨가물, 기구, 용기, 포장 등 음식에 대한 위생을 말한다.

해설

식품, 식품첨가물, 기구, 용기, 포장 등 모두를 대상으로 한다.

03 미생물의 수분활성도가 바른 것은?

① 세균＞효모＞곰팡이

② 세균＞곰팡이＞효모

③ 곰팡이＞효모＞세균

④ 효모＞세균＞곰팡이

해설

수분활성도(수분을 많이 필요로 하는 미생물 순서)

→ 세균＞효모＞곰팡이

04 변질에 관한 설명이 바르지 않은 것은?

① 부패 : 탄수화물 식품이 혐기성 미생물에 의해 변질되는 현상

② 변패 : 단백질 이외에 식품이 미생물에 의해 변질되는 현상

③ 산패 : 유지(기름)가 공기 중의 산소, 일광, 금속에 의해 변질되는 현상

④ 발효 : 탄수화물이 미생물의 작용을 받아 유기산, 알코올 등을 생성하는 현상

해설

부패는 단백질 식품이 혐기성 미생물에 의해 변질되는 현상

05 일반적으로 식품 1g 중 생균수가 약 얼마 이상일 때 초기부패로 판정하는가?

① 10^2 개   ② 10^4 개

③ 10^7 개   ④ 10^{15} 개

해설

• 초기부패가 일어나면 아민, 암모니아 등이 생성된다. 초기부패 판정을 통해 신선도를 알 수 있다.

• 미생물학적으로 세균수가 10^2이면 신선, 10^5이면 정상, 10^7이면 초기부패, 10^{15}는 완전부패로 판정한다

06 식품의 신선도 또는 부패의 이학적인 판정에 이용되는 항목이 아닌 것은?

① 히스타민 함량   ② 당 함량

③ 휘발성염기질소 함량   ④ 트리메틸아민 함량

해설

부패의 이학적인 판정에 이용되는 항목은 히스타민 함량, 휘발성염기질소, 트리메틸아민이다. 당 함량은 비만과 관련 있다.

정답   01 ②   02 ④   03 ①   04 ①   05 ③   06 ②

07 분변오염의 지표균으로 냉동식품의 오염지표균은?

① 대장균　　　　② 장구균
③ 포도상구균　　④ 아리조나균

해설
분변오염의 지표균
대장균, 냉동식품 오염지표균 – 장구균

08 다음 중 분변을 거름으로 사용하는 지역에서 맨발로 흙을 밟아 경피감염되는 기생충은?

① 구충　　　　　② 요충
③ 회충　　　　　④ 동양모양선충

해설
구충(십이지장충) : 경피감염 기생충으로 맨발로 흙을 밟지 않아야 한다.

09 작업장 교차오염 발생요소에 대한 설명이 바르지 않는 것은?

① 다량의 식재료가 원재료 상태로 입고되니 전처리 과정에서 세심한 청결상태가 필요하다.
② 칼, 도마, 장갑 등에서 교차오염이 발생되니 용도별로 구분하여 사용해야 한다.
③ 행주나 나무도마 등에서 교차오염이 발생되니 세척살균을 집중적으로 해야 한다.
④ 주방바닥과 트렌치는 식품에 직접 닿는 부분이 아니니 교차오염과 무관하다.

해설
주방바닥과 트렌치에서도 교차오염이 발생되므로 세척, 관리, 살균이 필요하다.

10 HACCP의 실행절차 중 네 번째 절차로 맞는 것은?

① 위해요소 분석
② 중요관리점
③ 한계기준 설정
④ 모니터링체계 확립, 감시

해설
HACCP제도는 준비단계(5단계)와 실행절차(7원칙)가 있다.

11 장염비브리오 식중독의 특징으로 바르지 않는 것은?

① 3~4%의 식염농도에서 잘 자라는 그람음성 간균의 특징이 있다.
② 급성위장염 및 약간의 발열과 함께 설사, 구토, 복통의 증상이 있다.
③ 여름철 어패류 생식이 문제가 되며, 가열해서 섭취하도록 한다.
④ 원인균은 비브리오균으로 저온에서도 잘 번식한다.

해설
비브리오균은 저온에서는 잘 번식하지 못하므로 냉장보관한다.

12 알레르기성 식중독을 유발하는 세균은?

① 병원성 대장균(*E. coli* 0157 : H7)
② 모르가넬라 모르가니 (*Morganella morganii*)
③ 엔테로박터 사카자키(*Enterobacter sakazakii*)
④ 비브리오 콜레라(*Vibrio cholerae*)

해설
알레르기 식중독은 부패되지 않은 음식물 섭취 시에도 발생할 수 있다.

13 모든 미생물을 제거하여 무균 상태로 하는 조작은?

① 소독　　　　　② 살균
③ 멸균　　　　　④ 정균

해설
• 멸균은 병원균, 비병원균, 모든 미생물과 아포(알)까지 완전 사멸
• 소독력의 크기 : 멸균 〉 살균 〉 소독 〉 방부

정답　07 ②　08 ①　09 ④　10 ④　11 ④　12 ②　13 ③

14 소독약의 구비조건으로 바르지 않는 것은?

① 살균력이 강하고 침투력이 강할 것

② 경제적이고 사용하기 편한 것

③ 금속부식성, 표백성이 있는 것

④ 용해성이 높고, 안정성이 있을 것

해설

금속부식성이 없고, 표백성이 없는 것

15 살균력이 강하나 금속을 부식시키는 소독약은?

① 포르말린　　　　　② 생석회

③ 승홍　　　　　　　④ 석탄산

해설

냄새와 색깔이 없는 승홍은 살균력이 강하나 금속부식성이 있다.

16 수영장 소독, 과일, 채소, 식기 소독에 사용되는 것은?

① 포르말린　　　　　② 생석회

③ 클로르칼키　　　　④ 석탄산

해설

• 클로르칼키 – 채소, 과일, 식기 소독
• 표백분(클로르칼키), 차아염소산나트륨 – 음료수나 채소, 과일 등에 사용되는 소독약

17 다음 중 유해첨가물이 아닌 것은?

① 롱가릿

② 사카린나트륨

③ 아우라민

④ 포름알데히드

해설

• 유해표백제–롱가릿, 유해착색제–아우라민, 유해보존료–포름알데히드
• 사카린나트륨은 제한적으로 사용이 허가된 감미료이다.

18 미생물의 발육을 억제하여 식품의 부패나 변질을 방지할 목적으로 사용되는 것은?

① 안식향산나트륨(sodium sabbatical acid)

② 호박산나트륨(sodium amber acid)

③ 글루탐산나트륨(sodium glutamic acid)

④ 유동파라핀(fluid paraffin)

해설

방부제(보존료) 안식향산은 청량음료, 간장, 식초, 채소, 과일에 사용한다.

19 미나마타병으로 언어장애를 유발하는 중금속은?

① 수은(Hg)　　　　　② 납(Pb)

③ 비소(As)　　　　　④ 카드뮴(Cd)

해설

수은(Hg)은 수질오염으로 메틸수은이 포함된 어류섭취로 인해 발생한다.

20 인구정지형으로 출생률과 사망률이 모두 낮은 인구형은?

① 피라미드형　　　　② 별형

③ 항아리형　　　　　④ 종형

해설

• 가장 이상적인 형(종형) → 출생률과 사망률이 낮음
• 항아리형(선진국형) → 평균수명이 높고 사망률은 낮음

21 공기의 자정작용으로 바르지 않는 것은?

① 공기의 희석작용

② 강우, 강설에 의한 세정작용

③ 식물에 의한 탄소동화작용

④ 자외선에 의한 소독작용

해설

자외선에 의한 살균작용이다.

정답

14 ③　15 ③　16 ③　17 ②　18 ①　19 ①　20 ④　21 ④

22 재해의 원인 요소 중 방호장치의 불량, 안전 의식의 부족, 표준화의 부족, 점검 장비의 부족과 관계가 있는 것은?

① 인간(man)
② 기계(machine)
③ 매체(media)
④ 관리(management)

해설

매체(작업 자세, 작업 동작의 결함, 부적절한 작업 정보 및 방법, 작업공간 및 환경의 불량)

23 조리장 관리에 대한 설명으로 옳지 않은 것은?

① 바닥과 바닥으로부터 20cm까지의 내벽은 내수성 구조이어야 한다.
② 배수와 청소가 쉬운 구조여야 한다.
③ 내구력이 있는 구조여야 한다.
④ 창문과 출입구는 방서, 방충을 위한 설비 구조여야 한다.

해설

조리장은 바닥과 바닥으로부터 1m까지의 내수성 자제여야 한다.

24 식품의 수분활성에 대한 내용으로 맞는 것은?

① 식품의 상대습도와 주위의 온도와의 비
② 식품의 수증기압과 그 온도에서의 물의 수증기압의 비
③ 식품의 단위 시간당 수분 증발량
④ 자유수와 결합수의 비

해설

$$수분활성도(Aw) = \frac{식품이\ 나타내는\ 수증기압(P)}{순수한\ 물의\ 최대\ 수증기압(P_0)}$$

25 다음 중 결합수의 특성이 아닌 것은?

① 수증기압이 유리수보다 낮다.
② 압력을 가해도 제거하기 어렵다.
③ 0℃에서 매우 잘 언다.
④ 용질에 대해서 용매로서 작용하지 않는다.

해설

결합수는 0℃ 이하에서 얼음으로 동결되지 않는다.

26 지용성 비타민이 아닌 것은?

① 카로틴
② 엽산
③ 비타민 E
④ 비타민 D

해설

지용성 비타민으로는 비타민 A, 비타민 D, 비타민 E, 비타민 K가 있다.

27 당류 중 단맛이 가장 강한 것은?

① 맥아당
② 포도당
③ 과당
④ 유당

해설

당질의 감미도
과당 〉 전화당 〉 설탕 〉 포도당 〉 맥아당 〉 갈락토오스 〉 젖당(유당)

28 다음 중 단백질 변성으로 인한 변화가 아닌 것은?

① 반응성이 증가
② 점도가 증가
③ 효소의 생물학적 활성이 증가
④ 용해도의 감소

해설

100℃에서 가열하면 활성을 잃게 되어 변성에 의하여 효소의 생물학적 활성이 소실된다.

29 다음 중 전분의 호화 과정에서 일어나는 변화로 볼 수 없는 것은?

① 결정성 소실
② 복굴절성 소실
③ 교질 용액화
④ 점도 감소

해설

전분 용액이 호화되면서 점도가 증가된다.

30 식이 섬유질의 체내 작용과 급원으로 좋은 식재료로 바르게 된 것은?

① 변비예방-미역

② 포도당 흡수 증진-시금치

③ 변의 장통과 시간 증가-보리

④ 에너지 제공-돼지고기

해설

섬유소는 세포막을 이루는 주성분이며 물에 녹지 않지만 물을 흡수하는 성질이 있어서 대변의 수분을 유지해 주며 대변의 장통과 시간을 줄여주는 등 변비 예방에 도움이 된다.

31 원가구성이 아래와 같을 때 원가율을 35%로 한다면 판매가는 약 얼마인가?

재 료 비 : 3,000원	보조 재료비 : 50원
노 무 비 : 30원	수 당 : 50원
직접경비 : 50원	간 접 경 비 : 10원

① 8,725원　　　　② 9,114원

③ 9,426원　　　　④ 9,727원

해설

판매가(제조원가+총원가+이익)

3000+50+30+50+50+10

=3190÷0.35

=9,114원

32 반입, 검수, 일시보관 등을 위해 필요한 주요 기기로 알맞은 것은?

① 운반차

② 보온고

③ 브로일러

④ 냉동냉장고

해설

반입, 검수, 일시보관, 분류 및 정리를 위한 주방기구는 검수대와 계량기, 운반차, 온도계, 손소독기 등이 있다.

33 육류, 생선류, 채소류를 끓는 물에 삶거나 데쳐서 익힌 음식으로 초고추장이나 겨자즙 등을 찍어 먹는 요리는?

① 숙채　　　　② 숙회

③ 생채　　　　④ 무침

해설

숙회는 끓는 물에 삶거나 데쳐서 익힌 음식이다.

34 다음 중 조리의 목적과 거리가 먼 것은?

① 유해물을 제거하여 위생상 안전하게 한다.

② 식품의 가열, 부드럽게 하여 소화가 잘 되게 한다.

③ 식품을 손질하여 더 좋은 식품으로 만들어 식품의 상품으로서의 가격을 높인다.

④ 향미와 외관을 좋게 하여 식욕을 돋운다.

35 편육을 할 때 가장 적합한 삶기 방법은?

① 끓는 물에 고기를 덩어리째 넣고 삶는다.

② 끓는 물에 고기를 잘게 썰어 넣고 삶는다.

③ 찬물에서부터 고기를 넣고 삶는다.

④ 찬물에서부터 고기와 생강을 넣고 삶는다.

해설

찬물에서부터 넣고 삶으면 맛성분이 지나치게 용출될 수 있고, 잘게 썰어 넣고 삶으면 여러 영양소의 파괴를 초래할 수 있다.

36 전분 입자의 구성으로 맞는 것은?

① 글루테닌과 글리아딘

② 아밀로오스와 아밀로펙틴

③ 지방산과 글리세린

④ 알부민과 글로불린

해설

전분 구성 비율 - 아밀로오스 20 : 아밀로펙틴 80

정답

30 ①　**31** ②　**32** ①　**33** ②　**34** ③　**35** ①　**36** ②

37 바닷속에서 자라는 홍조류인 우무를 삶아 동결 건조시킨 다당류 식품은?

① 콜라겐　　　　② 젤라틴

③ 한천　　　　　④ 편육

해설

• 한천은 다당류 식품으로 체내에서 소화되지 않으며, 영양가는 없으나 변비예방에 좋다.

• 한천은 응고력이 높아 여러 식품에 응용된다.(잼, 과자, 양갱, 양장피에 사용됨)

38 수확한 후 호흡작용이 상승하게 되어 미리 수확하여 저장하면서 호흡작용을 인공적으로 조절할 수 있는 과일류와 거리가 가장 먼 것을 고른다면?

① 참외　　　　　② 아보카도

③ 바나나　　　　④ 키위

해설

후숙 과정이 있는 과일에는 키위, 아보카도, 사과, 바나나 등이 있다.

39 미숫가루나 뻥튀기와 같이 건열로 가열하면 전분이 열분해 되어 덱스트린이 만들어진다. 이러한 과정을 무엇이라고 하는가?

① 호화　　　　　② 노화

③ 호정화　　　　④ 가수분해

해설

전분의 호정화는 전분에 물을 가하지 않고 160℃ 이상으로 가열하여 덱스트린으로 분해되는 것을 말한다.

40 훈연 시 발생하는 연기는 살균작용을 한다. 이 성분에 해당하는 것은?

① 포름알데히드　　② 레시틴

③ 사포닌　　　　④ 글루탐산

해설

훈연 시 발생하는 연기 성분에는 포름알데히드, 개미산, 메틸알코올, 페놀 등이 있다.

41 간장, 다시마 등의 감칠맛을 내는 주된 아미노산은?

① 알라닌(alanine)

② 글루탐산(glutamic acid)

③ 리신(lysine)

④ 트레오닌(threonine)

해설

글루탐산은 신맛과 감칠맛을 가지고 있는데 밀, 콩의 단백질에 많이 함유되어 있으며 다시마에도 다량 함유되어 있다.

42 한천에 대한 설명으로 바르지 않은 것은?

① 동물의 껍질에 다량 존재한다.

② 다당류 식품으로 체내에서 소화되지 않고, 영양가는 없다.

③ 잼, 과자, 양갱, 양장피에 사용된다.

④ 홍조류인 우무를 삶아 동결 건조시켜 만든다.

해설

바닷속에서 자라는 홍조류인 우무를 삶아 동결 건조시켜 만든 것으로 식물성 식품이다.

43 인류 역사상 가장 먼저 발달된 조리법은?

① 볶음　　　　　② 구이

③ 밥짓기　　　　④ 무침

해설

구이는 인류 역사상 불을 사용하는 화식 중 가장 먼저 발달한 조리법이다.

44 장조림의 부위로 적당하지 않은 부위는?

① 홍두깨살　　　② 우둔살

③ 꽃등심　　　　④ 사태

해설

사태, 우둔살, 홍두깨살은 장조림의 부위로 적당하다.

45 재료를 익히지 않고 바로 무친 나물의 조리는?

① 무침　　　　　② 생채
③ 숙채　　　　　④ 샐러드

> **해설**
> 생채는 계절에 나오는 싱싱한 재료를 익히지 않고 바로 무친 나물을 말한다.

46 식품의 변질을 방지하는 방법으로 바르지 않는 것은?

① 수분을 15%로 유지하여 보관하는 방법
② 방사선, 자외선 등과 같은 광선조사 방법
③ pH 조절에 의한 방법으로 식초에 절임
④ 가열 살균방법에 의한 레토르트 식품

> **해설**
> 수분 13% 이하로 낮춤(탈수, 건조, 농축, 염장, 당장 등의 방법)

47 생채 조리 시 맨 처음 해야 할 작업은?

① 양념하기　　　② 다듬기
③ 씻기　　　　　④ 썰기

> **해설**
> 생채 조리 순서
> 다듬기→ 씻기→ 썰기→ 양념하기

48 전이나 적을 만들 때 좋은 생선은?

① 붉은살 생선　　② 흰살 생선
③ 기름진 생선　　④ 참치

> **해설**
> 전이나 적을 만들 때는 흰살 생선을 사용한다.

49 생선의 비린내를 억제하는 방법으로 부적합한 것은?

① 생선 단백질이 응고된 후 생강을 넣는다.
② 처음부터 뚜껑을 닫고 끓여 생선을 완전히 응고시킨다.

③ 조리 전에 우유에 담가 둔다.
④ 물로 깨끗이 씻어 수용성 냄새 성분을 제거한다.

> **해설**
> • 잡냄새는 뚜껑을 열고 비린내를 휘발시킨 후에 뚜껑을 덮는다.
> • 생강은 고기가 익은 후에 넣어야 잡냄새를 억제할 수 있다.

50 다음 중 중조를 넣어 콩을 삶아낼 때 효과로 바르지 않는 것은?

① 콩이 잘 무른다.
② 조리시간이 단축된다.
③ 비타민 B_1의 손실이 적다.
④ 조리수를 적당히 넣는다.

> **해설**
> 비타민 B_1의 손실이 크다

51 탈수가 일어나지 않으면서 간이 맞도록 생선을 구우려면 일반적으로 생선 중량 대비 소금의 양은 얼마가 가장 적당한가?

① 0.1%　　　　　② 2%
③ 10%　　　　　④ 20%

> **해설**
> 중량의 2~3%가 적당하다.

52 다음 중 조리의 목적으로 바르지 않는 것은?

① 영양성　　　　② 기호성
③ 위생성　　　　④ 저장성

> **해설**
> 조리의 목적 - 영양성, 기호성, 안전성, 저장성

53 총비용과 총수익이 일치하여 이익도 손실도 발생하지 않는 기점은?

① 손익분기점　　② 가격결정점
③ 한계이익점　　④ 기초가격점

해 설

손익분기점은 총비용과 총수익이 일치하여 이익도 손실도 발생되지 않는 기점으로 손익분기점보다 늘어나면 이익이 발생하고 줄어들면 손실이 발생한다.

54 다음 중 불건성유에 속하는 것은?

① 들기름   ② 땅콩기름
③ 대두유   ④ 옥수수기름

해 설

건성유(대두유), 반건성유(옥수수기름), 불건성유(땅콩기름)

55 다음 중 필수아미노산으로만 짝지어진 것은?

① 류신, 알라닌   ② 라이신, 글루타민산
③ 트립토판, 글리신   ④ 트립토판, 메티오닌

해 설

필수아미노산의 종류는 트레오닌, 발린, 트립토판, 아이소류신, 류신, 리신, 페닐알라닌, 메티오닌이 있다. 성장기 어린이나 회복기 환자 등에게는 필요한 필수아미노산 8가지와 아르시닌, 히스티딘이 더해진다.

56 인공능동면역에 의하여 면역력이 강하게 형성되는 감염병은?

① 이질   ② 말라리아
③ 폴리오   ④ 폐렴

해 설

인공능동면역=예방접종

57 감염경로와 질병과의 연결이 틀린 것은?

① 공기감염 – 공수병
② 비말감염 – 인플루엔자
③ 우유감염 – 결핵
④ 음식물감염 – 폴리오

해 설

결핵은 호흡기계감염병이다.

58 식품위생 법규상 영업(식품)에 종사할 수 있는 자는?

① 피부병 또는 화농성질환
② 마약투약
③ 후천성면역결핍증
④ 결핵(비감염성)

해 설

• 결핵은 비감염성인 경우 제외이다.
• 콜레라, 장티푸스,파라티푸스, 세균성이질, 장출혈성 대장균 감염증, A형간염 환자도 종사하지 못한다.

59 식품위생법상 용어의 정의에 대한 설명 중 틀린 것은?

① "집단급식소"라 함은 영리를 목적으로 하는 급식시설을 말한다.
② "식품"이라 함은 의약으로 섭취하는 것을 제외한 모든 음식물을 말한다.
③ "표시"라 함은 식품, 식품첨가물, 기구 또는 용기 포장에 기재하는 문자, 숫자 또는 도형을 말한다.
④ "용기 · 포장"이라 함은 식품을 넣거나 싸는 것으로서 식품을 주고받을 때 함께 건네는 물품을 말한다.

해 설

"집단급식소"라 함은 비영리를 목적으로 상시 50인 이상. 특정인에게 급식을 제공한다.

60 다음 곰팡이와 독소성분을 잘못 연결한 것은?

① 시트리닌 – 위장독
② 아플라톡신 – 간장독
③ 에르고톡신 – 간장독
④ 오크라톡신 – 신장독

해 설

• 시트리닌은 황변미 독소로 쌀, 옥수수 등에서 검출되며 신장장애를 유발한다.
• 대부분의 곰팡이독소는 내열성이 강해 가공하거나 끓여도 분해되지 않아 발암을 유발한다.

정답

54 ②   55 ④   56 ②   57 ③   58 ④   59 ①   60 ①

01 변질에 관한 다음 설명 중 옳지 않은 것은?

① 식초를 만들 목적으로 막걸리에 미생물을 적용시킨 것
② 유지식품이 산화되어 냄새, 색이 변화된 상태
③ 단백질 식품이 세균에 의해 분해되어 먹을 수 없는 것
④ 영양성분 변화, 영양소의 파괴, 냄새, 맛 등이 사용되어 먹을 수 없는 상태

해설

변질은 식품의 가치가 저하된 것을 말하는데, 막걸리에 미생물을 적용시켜 식초를 만드는 것은 발효로써 유익한 작용이다.

02 음식의 변향 내용이 바른 것은?

① 미생물은 순수한 기름에서는 성장하지 못한다.
② 수산물 유지에만 국한하여 일어난다.
③ 산패가 일어나기 전에 생긴다.
④ 유지는 다른 음식의 냄새를 흡수하지 않는다.

해설

변향이란 유지의 산패 발생에 앞서서 일어나는 냄새의 복귀현상이다.

03 식품위생상 식품위생의 대상을 나열한 것은?

① 식품, 첨가물, 용기
② 식품, 첨가물, 기구, 용기, 포장
③ 식품, 첨가물, 기구
④ 식품, 첨가물, 제조시설, 급식종사자

해설

식품위생
식품, 첨가물, 기구, 용기, 포장을 대상으로 하는 음식에 관한 위생이다.

04 식품위생법상 식품접객 영업에서 미성년자에 대하여 주류를 제공하였을 때 1차 위반의 행정처분 기준은?

① 경고
② 영업정지 7일
③ 영업정지 1개월
④ 영업정지 2개월

해설

영업정지 2개월(1차) — 영업정지 3개월(2차) — 영업허가 취소(3차)

05 영업에 종사하지 못하는 질병이 아닌 것은?

① 소화기계 전염병
② 결핵 및 성병
③ 피부병, 기타 화농성질환
④ 비활동성 간염

해설

영업에 종사하지 못하는 질병의 종류는 다음과 같다.
• 전염병예방법에 의한 제1군 전염병(콜레라, 장티푸스, 파라티푸스, 세균성 이질, 장출혈성 대장균감염증)
• 결핵(비전염성인 경우는 제외)
• 피부병 기타 화농성 질환
• 후천성면역결핍증(성병에 관한 진단을 받아야 하는 영업)

06 식품에 따른 독성분이 잘못 연결된 것은?

① 독미나리 – 시큐톡신(Cicutoxin)

② 감자 – 솔라닌(Solanine)

③ 모시조개 – 베네루핀(Venerupin)

④ 복어 – 무스카린(Muscarine)

해설

복어 – 테트로도톡신(Tetrodotoxin))

07 식육 훈연의 목적에 맞지 않는 것은

① 제품의 색과 향미 향상

② 건제에 의한 저장성 향상

③ 연기의 방부 성분에 의한 잡균 오염

④ 식육의 pH를 내림으로 잡균 오염방지

해설

훈연법은 도토리나무, 참나무, 떡갈나무 등의 수지가 없는 굳은 나무를 데워서 건조함과 동시에 연기중의 포름알데히드, 크레오소오트의 작용에 의해 방부효과를 높이고 색과 향미를 향상시킨다.

08 통조림관의 주성분으로 과일이나 채소류 통조림에 의한 식중독을 일으키는 것은?

① 주석   ② 아연

③ 구리   ④ 카드뮴

해설

통조림 식품의 유형성 금속물질은 납. 주석이다.

09 재고회전율이 표준치보다 낮은 경우에 대한 설명으로 틀린 것은?

① 긴급 구매로 비용 발생이 우려된다.

② 종업원들이 심리적으로 부주의하게 식품을 사용하여 낭비가 심해진다.

③ 부정 유출이 우려된다.

④ 저장기간이 길어지고, 식품손실이 커지는 등 많은 자본이 들어가 이익이 줄어든다.

해설

• 재고회전율이 표준치보다 낮은 경우

– 종업원들이 재고가 과잉 수준임을 알고 심리적으로 낭비가 심해진다.

– 저장기간이 길어지고, 식품손실이 커진다.

– 식품의 부정유출이 우려된다.

– 재고상품은 현금의 일종이며, 투자의 결과가 되어 이익이 줄어들게 된다.

10 식품위생의 지표 균은 무엇인가?

① 대장균(E. coli)

② 비브리오균(Vibrio)

③ 살모넬라균(Salmonella)

④ 포도상구균(Staphylococcus)

해설

대장균 지수 0.1은 검수량 10ml에 대장균 양성임을 나타낸다. 대장균 자체는 직접 유해 작용을 일으키지 않지만 오염의 지표로 중시되며, 분변오염의 척도가 된다.

11 다음은 튀김에 대한 설명이다. 틀린 것은?

① 박력분이 없으면 중력분에 전분을 10~30% 혼합하여 사용한다.

② 계란을 넣으면 질감이 좋아 튀겨서 오래 두고 먹어도 된다.

③ 튀김옷에 중탄산소다를 0.2% 정도 넣는다.

④ 튀김옷을 반죽할 때 많이 젓지 않는다.

해설

튀김은 오래 두면 질겨지고 맛이 떨어지므로 바로 먹는다.

12 흰색 야채를 흰색 그대로 유지시킬 수 있는 조리방법은?

① 약간의 소다를 넣고 삶는다.

② 약간의 식초를 넣고 삶는다.

③ 야채를 데친 직후 냉수에 헹군다.

④ 야채를 물에 담가두었다가 삶는다.

해설

연근, 우엉 등의 흰색 야채의 조리시 약간의 식초를 넣고 삶아내면 더욱 희게 된다.

정답

06 ④   **07** ④   **08** ①   **09** ①   **10** ①   **11** ②   **12** ②

13 다음 생선에 관한 설명 중 잘못된 것은?

① 붉은살 생선은 수온이나 낮은 해저 가까이에 살고, 흰살 생선은 수온이 높은 해면 가까이에 산다.

② 문어, 꼴뚜기, 오징어 등은 연체류에 속한다.

③ 연어의 분홍 살색은 카로티노이드 색소이다.

④ 생선은 자가소화에 의하여 맛이 나빠진다.

해 설

적색 어류는 수온이 높은 해면 가까이 살고, 백색 어류는 수온이 낮은 해저 가까이에 산다.

14 다음은 단백질이 변성할 때 일어나는 현상을 설명한 것이다. 틀린 것은?

① 경도의 증가   ② 등전점 불변

③ 응고   ④ 반응기의 생성

해 설

아미노산은 한 분자 내에 산(–COOH)과 알칼리(–NH₂)를 공유하는 양성물질로 고유한 등전점을 갖는다. 중성아미노산의 등전점은 pH7 부근이고, 용해도는 등전점에서 가장 적다. 단백질은 열에 응고되고 분해하면 아미노산(반응기)을 생성하고 부패하면 점도가 증가한다.

15 진개(쓰레기)처리법과 가장 거리가 먼 것은?

① 위생적 매립법   ② 소각법

③ 비료화법   ④ 활성슬러지법

해 설

활성슬러지법은 수질처리법이다.

16 소음으로 인한 피해와 거리가 먼 것은?

① 불쾌감 및 수면장애

② 작업능률 저하

③ 위장기능 저하

④ 맥박과 혈압의 저하

해 설

소음으로 인한 피해는 청력장애, 신경과민, 불면, 작업방해, 소화불량, 불안과 두통, 작업능률 저하 등이 있다.

17 다음 중 과일, 채소의 호흡작용을 조절하여 저장하는 방법은?

① 건조법

② 냉장법

③ 통조림법

④ 가스저장법

해 설

가스저장법은 식품을 탄산가스나 질소가스 속에 보관하여 호흡작용을 억제하고, 호기성 부패 세균의 번식을 저지하는 저장법

18 전분의 호정화에 대한 설명으로 옳지 않은 것은?

① 호정화란 화학적 변화가 일어난 것이다.

② 호화된 전분보다 물에 녹기 쉽다

③ 전분을 150~190℃에서 물을 붓고 가열할 때 나타나는 변화이다.

④ 호정화되면 덱스트린이 생성된다.

해 설

전분에 물을 가하지 않고 160~170℃로 가열했을 때 가용성 전분을 거쳐 덱스트린으로 분해되는 반응(예: 뻥튀기, 팝콘 등)

19 다음 중 조리를 하는 목적으로 적합하지 않은 것은?

① 소화흡수율을 높여 영양 효과를 증진

② 식품 자체의 부족한 영양성분을 보충

③ 풍미, 외관을 향상시켜 기호성을 증진

④ 세균 등의 위해요소로부터 안전성 확보

해 설

• 기호성 : 식품의 외관을 좋고 맛있게 보이도록 하기 위함
• 소화성 : 소화를 용이하게 하여 영양효율을 높이기 위함
• 안전성 : 위생상 안전한 음식으로 만들기 위함
• 저장성 : 저장성을 높이기 위함

정답
13 ①   14 ②   15 ④   16 ③   17 ④   18 ③   19 ②

20 다음 중 잠복기가 일정하지 않은 전염병은 어느 것인가?

① 결핵
② 장티푸스
③ 유행성 간염
④ 성홍열

해설

결핵의 잠복기는 부정으로 수주~수년인 것도 있다.

21 생균백신을 예방접종하는 병은?

① 콜레라
② 일본뇌염
③ 결핵
④ 장티푸스

해설

• 생균백신: 결핵, 폴리오, 광견, 두창, 황열
• 사균백신: 콜레라, 장티푸스, 폴리오, 파라티푸스, 백일해
• 톡소이드: 디프테리아, 파상풍

22 우리나라에서 처음으로 식품위생행정을 체계화하여 식품위생행정의 시초라고 할 수 있는 시기는 언제인가?

① 삼국시대
② 고려시대
③ 조선시대
④ 상고시대

해설

고려의 성종과 목종 때 당의 제도를 임용하여 상식국을 설치하였던 것이 시초라 볼 수 있다.

23 전염병을 예방할 수 있는 3대 요소가 아닌 것은?

① 숙주
② 병인
③ 물리적 요인
④ 환경

해설

전염병 발생의 3대 요인으로 전염원(병인), 전염경로(환경), 감수성과 면역성(숙주)을 들 수 있다.

24 우리나라 검역법에 정해진 검역질병이 아닌 것은?

① 콜레라
② 황열
③ 장티푸스
④ 페스트

해설

외래전염병의 국내 유입을 막기 위한 검역질병과 감시시간은 콜레라 120시간, 페스트 144시간, 황열은 144시간이다.

25 생선의 비린내를 없애는 방법으로 적당치 않은 것은?

① 식초나 술을 이용한다.
② 생선 조리 전에 우유에 담가서 조리한다.
③ 조리 전 미지근한 물에 담가서 조리한다.
④ 간장, 된장, 고추장 등을 이용한다.

해설

생선의 비린내를 없애는 방법으로는 물에 잘 씻거나, 식초 또는 술, 파, 마늘 등의 향신료를 강하게 넣거나 간장, 된장 등의 장류를 넣는다.

26 다음 재료의 소비단가를 계산하는 방식들이다. 이들 중 일정기간동안의 구입단가를 구입횟수로 나눈 구입단가의 평균을 소비단가로 하는 방식은?

① 선입선출법
② 후입선출법
③ 단순평균법
④ 이동평균법

해설

단순평균법은 재고 자산을 평가할 때 사들인 가격의 평균값을 단가로 셈하는 방법이다.

정답

20 ① **21** ③ **22** ② **23** ③ **24** ③ **25** ③ **26** ③

27 다음 자료에 의해서 직접원가를 계산하면 얼마인가?

직접재료비	180,000원
간접재료비	60,000원
직접노무비	130,000원
간접노무비	30,000원
직접경비	5,000원
간접경비	120,000원
판매관리비	150,000원

① 210,000원　　　② 465,000원

③ 315,000원　　　④ 525,000원

해 설

직접원가=직접재료비+직접노무비+직접경비
＝180,000원＋130,000원＋5,000원＝315,000원.

28 월중 소비액을 파악하기 쉬운 계산방법은?

① 월중 매입액－월말 재고액

② 월초 재고액－월중 매입액　월말 소비액

③ 월말 재고액＋월중 매입액－월말 소비액

④ 월초 재고액＋월중 매입액－월말 재고액

해 설

• 월초 재고액＋월중 매입액＝월중 소비액＋월말 재고액
• 월초 재고액＋월중 매입액－월말 재고액＝월중 소비액

29 다음 짝지어진 것 중 틀린 것은?

① 채종유－반건성유

② 낙화생유－불건성유

③ 면실유－건성유

④ 아마인유－건성유

해 설

면실유는 반건성유에 속한다.

30 레시틴(Lecithin)의 성질을 바르게 설명한 것은?

① 인지질로 친유기와 친수기를 가진다.

② 친유기와 친수기를 가지고 있으므로 저장하는데 지장이 있다.

③ 유화제, 삼투압제, 점도, 조정제, 습윤제 등의 사용에 이용되지만 식품에는 쓰이지 않는다.

④ 친유기로만 쓰이므로 마가린 제조에 좋다.

해 설

레시틴(lecithin)은 인지질로써 친유기와 친수기를 함께 가지고 있어 유화제로 이용된다.

31 다음 중 강화미가 아닌 것은?

① parboiled rice

② converted rice

③ alpha rice

④ premix rice

해 설

알파미(alpha rice)는 쌀밥을 고온 건조시킨 건조미이다.

32 보리밥, 냉이국, 장조림, 쑥갓나물, 무숙장아찌, 배추김치, 간장과 같은 식단은 몇 첩 반상인가?

① 7첩 반상

② 3첩 반상

③ 9첩 반상

④ 5첩 반상

해 설

밥, 국, 김치, 장 종류는 반상 수에서 제외된다.

33 폐기량이 있는 식품의 총 발주량 계산법으로 옳은 것은?

① {정미중량 ÷ (100 － 폐기율)} × 100 × 급식인원수

② {(100 － 폐기율) ÷ 정미중량} × 100 × 급식인원수

③ 정미중량 × 급식인원수

④ 정미중량 ÷ 급식인원수

해설

$$총발주량 = \frac{정미량}{(100 - 폐기율)} \times 100 \times 인원수$$

34 쌀을 굵게 갈아 쑨 죽은?

① 무리죽　　　　② 옹이

③ 원미죽　　　　④ 옹근죽

해설

• 무리 죽은 물에 불린 쌀을 갈아서 고운체에 받친 앙금으로 쑨 죽이다.

• 옹이는 원래 율무를 뜻하는 것으로 율무를 곱게 갈아 앙금을 만들어 말려 두었다가 끓인 죽이다.

• 옹근 죽은 불린 쌀을 그대로 참기름으로 볶다가 물을 부어 끓인 죽이다.

35 다음 원가요소에 따라 산출한 총 원가는?

직접재료비 :	250,000원
제조간접비 :	120,000원
직접노무비 :	100,000원
판매관리비 :	60,000원
직 접 경 비 :	40,000원
이　　　익 :	100,000원

① 390,000원　　　② 510,000원

③ 570,000원　　　④ 610,000원

해설

250,000+120,000+100,000+60,000+40,000=570,000원

36 수리취떡, 준치만두, 도미찜, 과일 등을 먹었던 날은?

① 중양절　　　　② 단오

③ 유두　　　　　④ 한식

해설

• 단오(음력 5월 5일)는 수릿날이라고 한다. 수리취떡은 둥근 수레바퀴 모양으로 찍어낸 절편이다.

• 한식에는 약주, 과실, 식혜, 떡, 국수, 적 등을 준비하여 차례를 지내고 유두에는 수단자, 유두면, 상화병을 중양절에는 국화를 많이 이용하는 음식을 먹는 데 황국의 잎으로 국화전을 만들고 국화주와 배, 유자, 석류를 섞은 화채, 송이산적 등을 먹었다.

37 살균이 끝난 통조림은 어느 정도 온도까지 급냉각하는 것이 좋은가?

① 0℃　　　　　② 20℃

③ 40℃　　　　　④ 60℃

해설

살균이 완료된 통조림은 37~40℃로 가급적 속히 냉각시켜야 채소들이 거무스름해지지 않고, 남아 있는 내열성의 혐기성균 포자들이 발육하지 못한다.

38 다음 중 카로티노이드계 색소가 가장 많은 것은?

① 배　　　　　　② 가지

③ 당근　　　　　④ 무

해설

카로티노이드(carotenoids) 색소는 식물 중 노란색, 오렌지색 등을 나타내는 지용성 색소이다.

39 허위표시 및 과대광고의 범위에 해당되지 않은 것은?

① 제조방법에 관하여 연구 또는 발견한 사실로서 식품학, 영양학 등의 분야에서 공인된 사항의 표시광고

② 외국어의 사용 등으로 외국제품으로 혼동할 우려가 있는 표시광고

③ 질병의 치료에 효능이 있다는 내용 또는 의약품으로 혼동할 우려가 있는 내용의 표시광고

④ 다른 업소의 제품을 비방하거나 비방하는 것으로 의심되는 광고

해설

과대광고가 아닌 것 : 문헌 이용 광고, 현란한 포장

40 감염형 세균성 식중독에 해당하는 것은?

① 살모넬라 식중독

② 수은 식중독

③ 클로스트리디움 보툴리눔 식중독

④ 아플라톡신 식중독

해설

• 화학성 식중독 : 수은 식중독
• 독소형 세균성 식중독 : 클로스트리디움 보툴리눔 식중독
• 자연독 식중독 : 아플라톡신 식중독

41 일반음식점의 영업신고는 누구에게 하는가?

① 동사무소장

② 시장 · 군수 · 구청장

③ 식품의약품안전처장

④ 보건소장

해설

일반음식점의 영업신고는 시장 · 군수 · 구청장에게 한다.

42 식품의 위생적인 준비를 위한 조리장의 관리로 부적합한 것은?

① 조리장의 위생해충은 약제사용을 1회만 실시하면 영구적으로 박멸된다.

② 조리장에 음식물과 음식물 찌꺼기를 함부로 방치하지 않는다.

③ 조리장의 출입구에 신발을 소독할 수 있는 시설을 갖춘다.

④ 조리사의 손을 소독할 수 있도록 손소독기를 갖춘다.

해설

조리장의 위생해충은 정기적인 약제사용이 필요하고 영구적으로 박멸되지 않는다.

43 비타민에 관한 설명 중 틀린 것은?

① 카로틴은 프로비타민 A이다.

② 비타민 E는 토코페롤이라고도 한다.

③ 비타민 B_{12}는 코발트(Co)를 함유한다.

④ 비타민 C가 결핍하면 각기병이 발생한다.

해설

비타민 C 결핍은 괴혈병, 비타민 B_1 결핍이 각기병이다.

44 맥아당은 어떤 성분으로 구성되어 있는가?

① 포도당 2분자가 결합한 것

② 과당과 포도당 각 1분자가 결합한 것

③ 과당 2분자가 결합한 것

④ 포도당과 전분이 결합한 것

해설

• 자당(설탕) : 포도당과 과당이 결합한 당
• 맥아당 : 포도당과 포도당이 결합한 당
• 젖당(유당) : 포도당과 갈락토오스가 결합한 당

45 고추장으로 간을 한 찌개는?

① 조치 　　　　　② 감정

③ 전골 　　　　　④ 지짐이

해설

감정은 국물이 적고 고추장으로 간을 한 찌개이다.

46 고명으로 사용하지 않은 재료는?

① 마늘 　　　　　② 달걀 지단

③ 미나리초대 　　④ 석이버섯

해설

고명으로는 달걀 지단, 미나리초대, 고추, 실파, 버섯등이 사용된다.

47 총비용과 총수익이 일치하여 이익도 손실도 발생하지 않는 기점은?

① 손익분기점 　　　② 가격결정점

③ 한계이익점 　　　④ 기초가격점

해설

손익분기점은 총비용과 총수익이 일치하여 이익도 손실도 발생되지 않는 기점으로 손익분기점보다 늘어나면 이익이 발생하고 줄어들면 손실이 발생한다.

48 식품의 냉동건조(freeze drying) 이론에 맞지 않는 것은?

① 1mmHg 이하의 진공으로 처리함이 좋다.

② 식품 속의 수분을 얼음에서 수증기로 승화시키는 것이다.

③ 냉동건조에서는 가열조작을 하지 않는다.

④ 제품의 색, 맛 및 품질이 다른 건조법보다 적게 손상된다.

해설

냉동건조는 0.1~2mmHg 정도의 진공실에서 승화에 필요한 열을 받으면서 건조된다. 이때의 식품은 동결된 상태로 유지되어야 하기 때문에 지나치게 가열하지 않는다.

49 과일에 많이 함유되어 있는 유기산은?

① 주석산　　　　② 식초산

③ 염산　　　　　④ 아미노산

해설

과일의 신맛은 사과산(말산), 구연산(시트르산), 주석산(타르타르산) 등의 유기산에 의한다.

50 다음 중 CA 저장에 효과가 큰 것은?

① 후숙이 일어나기 전의 사과나 배

② 후숙한 바나나

③ 후숙한 사과나 배

④ 후숙이 일어나기 전의 레몬

해설

CA 저장은 냉장 상태와 함께 상대습도 90% 이상에서 탄산가스나 질소를 증가시키고 산소를 줄이는 가스저장법이다. 이 방법은 후숙이 가능한 사과, 배, 바나나, 토마토 등을 미숙할 때 수확하여 저장할 수 있다.

51 고기의 숙성에 대한 설명 중 틀린 것은?

① 도살 후의 젖산이나 인산으로 pH의 변화가 생긴다.

② 산소공급이 많으면 젖산의 생성량이 작아진다.

③ 고기의 숙성은 온도가 높아지면 빨리 진행된다.

④ 고기의 글리코겐(glycogen)량은 숙성 중에 변하지 않는다.

해설

숙성 중에 고기의 글리코겐(glycogen)량은 산소의 공급이 적어질수록 커진다.

52 현미의 도정율을 증가시킴에 따른 변화 중 옳지 않은 것은?

① 단백질 손실이 커진다.

② 총열량이 증가한다.

③ 탄수화물의 양이 증가한다.

④ 소화율이 낮아진다.

해설

현미를 도정함에 따라 단백질과 지방의 손실이 커지고, 상대적으로 탄수화물량이 증가되며 소화율도 높아진다.

53 한국 음식을 담을 때 주의 사항으로 옳지 않은 것은?

① 시각적으로 색의 조화를 고려하여 보기 좋고 먹음직스럽게 담는다.

② 만드는 사람의 편리성에 초점을 둔다.

③ 음식물이 접시를 벗어나지 않게 담는다.

④ 과도한 고명은 피하고 깔끔하게 담는다.

해설

먹는 사람의 편리성에 초점을 두어 담는다.

54 강력분을 사용하지 않는 것은?

① 케이크　　　　② 식빵

③ 마카로니　　　④ 피자

해설

강력분	식빵, 마카로니, 파스타
중력분	국수류, 만두피
박력분	튀김옷, 케이크, 파이, 비스킷

55 찹쌀떡이 멥쌀떡보다 더 늦게 굳는 이유는?

① pH가 낮기 때문에

② 수분함이 적기 때문에

③ 아밀로오수의 함량이 많기 때문에

④ 아밀로펙틴의 함량이 많기 때문에

해설

찹쌀떡이 멥쌀떡보다 더 늦게 굳는 이유는 아밀로펙틴의 함량이 많기 때문에 노화가 지연된다.

56 육가공 원료 중 부패초기의 육류판정 기준은?

① pH 4.4~4.6　　② pH 5.0~5.2

③ pH 5.6~5.8　　④ pH 6.2~6.4

해설

신선한 상태의 고기는 pH 7.0, 아민 발생으로 pH가 높아지면 5.6~5.8 초기부패 → pH 5.8~6.0 악취가 날 정도의 부패

57 통조림 검사 시 개관해야 알 수 있는 것은?

① 플릿퍼

② 플랫 사우어

③ 스프링거

④ 스웰

해설

플랫 사우어(flot-sour) : 캔의 팽대가 일어나지 않는 변패로 주로 혐기성세균에 의하여 발생하며 가스는 생성하지 않고 산(acid)만을 생성하기 때문에 외관으로 구별이 안 된다.

58 게, 새우의 혈액에는 푸른 색소가 있다. 이 색소는 어떤 금속과 결합하고 있는가?

① 철(Fe)　　　　② 구리(Cu)

③ 코발트(Co)　　④ 칼슘(Ca)

해설

게, 새우 등의 갑각류의 혈액은 헤모시아닌으로 구성되어 있으며 푸른색을 나타내는 구리(Cu)를 함유하고 있다.

59 곡물 도정에 있어서 적용되어지는 원리가 아닌 것은?

① 마찰　　　　　② 절삭

③ 마쇄　　　　　④ 충격

해설

곡물의 도정원리는 마찰, 절삭(연마), 충격의 공동작용으로 이루어지며, 마쇄나 분쇄는 제분공정의 하나이다.

60 유지의 산가(acid value)에 대한 설명이 잘못된 것은?

① 유지의 품질을 나타내는 척도가 된다.

② 식용유지의 산가는 대체로 1.0 이하이다.

③ 유지 1g 중에 함유된 유리지방산을 중화하는 데 필요한 KOH의 mg수로 표시한다.

④ 산성식품의 산도와 같은 것이다.

해설

유지의 산가란 유리지방산의 함량 정도를 나타내는 것이다.

제13회 **2020년 기출복원문제 제1회**

01 개인위생관리기준에 대한 설명으로 바르지 않는 것은?

① 조리복, 조리모자, 앞치마, 조리안전화 등을 위생적으로 청결하게 착용한다.

② 항상 손을 깨끗이 세척하고, 조리과정 중에 머리, 코 등의 신체부위를 만지지 않는다.

③ 손톱은 항상 짧게 유지하며, 매니큐어나 반지를 착용하지 않는다.

④ 시계, 반지, 귀걸이 등 장신구의 크기가 작은 것이라면 착용해도 무방하다.

해설

짙은 화장이나 장신구, 시계 착용 등 작은 것이라도 착용하면 안 된다.

02 식품위생의 목적으로 바르지 않는 것은?

① 식품으로 인한 위생상의 위해사고 방지를 목적을 한다.

② 국민보건의 증진에 이바지함을 목적으로 한다.

③ 식품영양의 질적 향상으로 생활습관병과 같은 질병치료를 목적으로 한다.

④ 식품의 안전성을 확보함으로 국민의 생명과 건강을 유지함을 목적으로 한다.

해설

질병예방을 목적으로 한다.

03 다음 미생물 중 세균 생육에 필요한 최적 pH 는?

① pH 6.5~7.5

② pH 4.0~6.0

③ pH 4.0~3.0 이하

④ pH 3.0~1.0 이하

해설

세균	pH 6.5~7.5 약알칼리에서 잘 자람
곰팡이	최적 pH 4.0~6.0 약산성에서 잘 자람

04 다음 중 변질의 종류가 다른 것은?

① 부패

② 변패

③ 산패

④ 발효

해설

발효는 미생물의 작용을 받아 유기산, 알코올 등을 생성하여 사람에게 유익한 물질로 변화된다.

05 우유살균법이 아닌 것은?

① 저온살균법

② 고온단시간

③ 초고온순간살균법

④ 고온장시간살균법

해설

고온장시간살균법은 95~120℃에서 약 60분간 가열방법으로 통조림살균법이다.

06 다음 숙주의 연결이 바르지 않는 것은?

① 간흡충(간디스토마) – 제1중간숙주(왜우렁이) → 제2중간숙주(붕어, 잉어)

② 폐흡충(폐디스토마) – 제1중간숙주(다슬기) → 제2중간숙주(가재, 게)

③ 요코가와흡충(횡천흡충) – 제1중간숙주(다슬기) → 제2중간숙주(은어)

④ 광절열두조충(긴촌충) – 제1중간숙주(물벼룩) → 제2중간숙주(민물장어)

해설

광절열두조충(긴촌충) – 제1중간숙주(물벼룩) → 제2중간숙주(송어, 연어)

07 다음의 소독제 중 소독의 지표가 되는 것은?

① 석탄산　　　　② 크레졸

③ 과산화수소　　④ 포르말린

해설

석탄산은 소독약의 지표로 이용되며 화장실, 하수도 등의 오물 소독에 사용된다.

08 다음 인공감미료인 사카린나트륨을 사용할 수 없는 식품은?

① 청량음료　　　② 식빵

③ 생과자　　　　④ 건빵

해설

사카린나트륨 사용불가 식품
식빵, 이유식, 백설탕, 포도당, 물엿, 벌꿀, 알사탕

09 대두 인지질로 2종류의 액체를 서로 혼합이 잘 되도록 사용하는 첨가물은?

① 착색제　　　　② 팽창제

③ 유화제　　　　④ 산화제

해설

유화제로 대두(콩)이나 달걀노른자에 함유되어 있다.

10 독소형 식중독으로 신경독을 일으키는 식중독에 대한 설명으로 바른 것은?

① 잠복기가 가장 길다. 식후(12~36시간)

② 잠복기가 가장 짧다. 식후(3시간)

③ 내열성이 강하여 끓여도 파괴되지 않는다.

④ 화농성질환의 원인균이다.

해설

• 식중독균은 두 가지로 ②, ③, ④은 포도상구균 식중독에 대한 설명이다.
• ①은 독소형 식중독 중 클로스트리디움 보툴리눔 식중독균에 대한 설명으로 맞다.

11 식품위생법상 조리사가 식중독이나 그 밖에 위생과 관련한 중대한 사고 발생의 직무상 책임에 대한 1차 위반 시 행정처분기준은?

① 시정명령

② 업무정지 1개월

③ 업무정지 2개월

④ 면허취소

해설

행정처분	1차 위반	2차 위반	3차 위반
중대사고	업무정지 1개월	업무정지 2개월	면허취소
면허 대여	업무정지 2개월	업무정지 3개월	면허취소
면허정지 기간 중 업무를 한 경우	면허취소		

12 수질오염을 파악하기 위한 BOD(생물학적 산소요구량) 측정 시 온도와 시간은?

① 10℃에서 10일간

② 20℃에서 10일간

③ 10℃에서 5일간

④ 20℃에서 5일간

해설

정확한 측정을 위해 5일간 하며, 온도와 시간이 있다는 걸 기억해야 한다.

정답

06 ④　07 ①　08 ②　09 ③　10 ①　11 ②　12 ④

13 화재 분류 및 소화방법으로 전기화재의 경우 바른 소화방법은?

① 비누화작용 및 냉각작용

② 마른모래 및 특수 분말 이용

③ 가스소화약제 이용

④ 다량의 물 또는 수용액 이용

해설

물을 사용하면 감전 위험이 있으며 전체 화재 건수 중 높은 비율을 차지한다.

14 조리장의 위치 선정 방법으로 가장 거리가 먼 것은?

① 보온을 위해 지하가 좋다.

② 통풍이 잘되어야 한다.

③ 재료 반입, 폐기물 반출이 쉬워야 한다.

④ 음식의 운반이 편리해야 한다.

해설

조리장의 위치로는 채광, 통풍, 배수가 잘 되어야 하며 악취, 먼지가 유입이 되어서는 안 된다.

15 결합수에 관한 특성 중 맞는 것은?

① 끓는점과 녹는점이 매우 높다.

② 미생물의 번식과 발아에 이용된다.

③ 식품조직을 압착하여도 제거되지 않는다.

④ 보통의 물보다 밀도가 작다.

해설

결합수는 제거가 불가능하다.

16 단당류에 속하는 것은?

① 맥아당   ② 포도당

③ 설탕   ④ 유당

해설

단당류에는 포도당, 과당, 갈락토오스, 만노오스이다.

17 일반적으로 소화효소의 구성 주체는?

① 알칼로이드   ② 복합지방

③ 당질   ④ 단백질

해설

효소의 주성분은 단백질이다.

18 다음 냄새 성분 중 어류와 관계가 먼 것은?

① 트리메틸아민(trimethylamine)

② 암모니아(ammonia)

③ 피페리딘(piperidine)

④ 디아세틸(diacetyl)

해설

디아세틸(diacetyl) 성분은 유지류 및 버터의 냄새 성분이라고 할 수 있다.

19 붉은 양배추를 조리할 때 식초나 레몬즙을 조금 넣으면 어떤 변화가 일어나는가?

① 안토시아닌계 색소가 선명하게 유지된다.

② 카로티노이드계 색소가 변색되어 녹색으로 된다.

③ 클로로필계 색소가 선명하게 유지된다.

④ 플라보노이드계 색소가 변색되어 청색으로 된다.

해설

붉은 양배추는 안토시안색소를 함유하고 있으며 안토시안색소는 산을 첨가하면 더욱 선명해지는 특징을 가지고 있다.

20 오징어 12kg을 25,000원에 구입하였다. 모두 손질한 후의 폐기율이 35%였다면 실사용량의 kg당 단가는 얼마인가

① 5,556원   ② 3,205원

③ 2,083원   ④ 7,140원

해설

필요량 $\times \dfrac{100}{가식부율} \times$ 1kg당 단가

25000 ÷ (12×(100−35)) = 3,205

21 매월 고정적으로 포함해야 하는 경비는?

① 감가상각비

② 수당

③ 복리후생비

④ 교통비

고정비는 임대료, 노무비(정규직원 급여), 세금, 보험료, 감가상각비 등이 있다.

22 다음의 가열조리 중 건열조리 방법에 해당하는 요리는?

① 갈비찜

② 불고기

③ 소고기 전골

④ 생선조림

물을 이용하지 않은 조리법이 건열조리법이며 불고기, 전이 해당되며, 건열 조리법에는 broilling(굽기), sauteing(볶기), deep frying(튀기기), pan frying(지지기)가 있다.

23 동물의 가죽이나 복어의 껍질에 다량 존재하는 물질로 콜라겐의 가수분해로 생긴 물질은?

① 편육   ② 젤라틴

③ 우묵   ④ 한천

젤라틴이다. 젤라틴으로 만든 식품─족편, 마시멜로, 젤리, 아이스크림

24 조리대 배치형태 중 환풍기와 후드의 수를 최소화 할 수 있는 것은?

① 일렬형   ② 아일랜드형

③ ㄷ자형   ④ 병렬형

아일랜드형은 동선이 많이 단축되어지며 공간활용이 자유로워서 환풍기와 후드의 수를 최소화할 수 있다.

25 소고기 부위별 조리법으로 바르지 않는 것은?

① 등심 – 전골, 구이

② 사태 – 편육, 장국, 구이

③ 우둔살 – 포, 회, 조림

④ 홍두깨 – 조림

사태살은 질겨 장시간 끓여야 부드러워진다. 구이보다는 국, 탕에 적합하다.

26 해조류에 대한 설명이 바르지 않는 것은?

① 녹조류 – 파래, 매생이, 청각(수심이 깊은 바다에서 서식)

② 갈조류 – 미역, 다시마, 톳(수심이 조금 깊은 바다에서 서식)

③ 홍조류 – 김, 우뭇가사리(수심이 아주 깊은 바다에서 서식)

④ 조류 – 해수조류와 담수조류로 나뉨(바다 : 해조류, 담수 : 담수조류)

녹조류는 파래, 매생이, 청태, 청각, 클로렐라로 클로로필이 풍부하고, 수심이 얕은 곳에 서식함

27 신체의 근육이나 혈액 성분을 합성하는 영양소는?

① 무기질   ② 비타민

③ 물   ④ 단백질

단백질의 기능으로는 근육, 내장, 혈액과 머리카락 등 신체 조직을 구성하고 각종 효소, 호르몬의 구성성분으로서 생리 기능을 조절한다.

28 음식을 넣으면 몸에 이롭다고 생각하여 여러 가지를 넣었다는 데에서 유래된 한식의 용어는?

① 무침장   ② 쌈장

③ 육수   ④ 양념

21 ①   **22** ②   **23** ②   **24** ②   **25** ②   **26** ①   **27** ④   **28** ④

해설

양념은 음식에 넣으면 몸에 이롭다고 생각하여 여러 가지를 넣었다는 데에서 유래되었다.

29 다시마의 감칠맛 성분은?

① 호박산　　　　　② 이노신산

③ 주석산　　　　　④ 글루탐산

해설

다시마의 감칠맛은 글루탐산이다.

30 대파를 분류하여 사용할 때 찌개나 육수를 낼 때 적당한 파는?

① 대파의 흰 부분　② 실파

③ 대파의 푸른 부분　④ 쪽파

해설

대파의 흰 부분을 사용하면 음식이 깔끔하여 양념으로 사용하고 대파의 푸른 부분은 찌개를 끓이거나 육수를 낼 때 사용한다.

31 음양오행설을 바탕으로 오방색인 흰색, 녹색, 노란색, 붉은색과 검은색 식품을 고명으로 사용하는 데 석이버섯의 색은?

① 검은색　　　　　② 노란색

③ 녹색　　　　　　④ 붉은색

해설

흰색(달걀흰자), 노란색(달걀의 노른자), 붉은색(홍고추, 실고추, 대추, 당근), 녹색(미나리, 오이, 풋고추, 호박), 검은색(표고버섯, 석이버섯)

32 쌀 침지 시간으로 밥맛이 가장 좋은 시간은?

① 씻자마자 바로　② 30분

③ 2시간　　　　　④ 3시간

해설

쌀의 침지 시간은 30분~1시간이 좋다.

33 쌀을 반으로 으깨서 싸래기를 만들어 쑨 죽은?

① 옹근죽　　　　　② 원미죽

③ 무리죽　　　　　④ 타락죽

해설

옹근죽(쌀알을 그대로 사용하여 쑨 죽), 원미죽(쌀을 반으로 으깨서 쑨 죽). 무리죽(쌀을 갈거나 쌀가루로 쑨 죽)이다.

34 채소 육수를 만들 때 적당하지 않은 재료는?

① 무　　　　　　　② 당근

③ 배추　　　　　　④ 셀러리

해설

향이 강한 채소의 사용은 주요리의 맛을 해친다.

35 맑은 육수를 내기 위해 고기 육수를 끓이는 방법으로 옳지 않은 것은?

① 오래 끓인다.

② 2시간 이내가 적당하다.

③ 끓으면서 올라오는 불순물을 걷어준다.

④ 처음에는 뚜껑을 열고 끓인다.

해설

너무 오래 끓이면 국물이 탁해진다.

36 분리된 마요네즈를 회복시키는 방법으로 적당한 것은?

① 분리된 마요네즈에 신선한 난황을 조금씩 넣어 저어준다.

② 분리된 마요네즈에 신선한 달걀을 넣어 저어준다.

③ 기름을 더 넣어 한 방향으로 빠르게 저어준다.

④ 레몬즙과 식초를 더 넣어 저어준다.

해설

마요네즈는 달걀의 노른자를 사용하기에 난황을 조금씩 넣어가며 저어주어야 한다.

37 DPT 예방접종과 관계없는 감염병은?

① 페스트　　　　② 디프테리아

③ 백일해　　　　④ 파상풍

DPT – D= 디프테리아, P= 백일해, T= 파상풍.

38 고온작업환경에서 작업할 경우 말초혈관의 순환장애로 혈관신경의 부조절, 심박출량 감소가 생길 수 있는 열 중증은?

① 열허탈증　　　② 열경련

③ 열쇠약증　　　④ 울열증

열허탈증은 심한 설사를 동반하고 전염성이 강하며, 구토, 탈수 등 사망에 이를 수도 있다. 예방법은 물과 음식물을 끓여 먹고, 유제품은 멸균된 것을 섭취하도록 한다.

39 식품위생법상 식품의약품안전처장에게 허가를 받아야 하는 업종은?

① 일반음식점영업　　② 식품조사처리업

③ 휴게음식점영업　　④ 식품제조가공업

'식품조사처리업'은 식품의약품안전처장이 허가한다.

40 곡물 저장 시 수분함량을 몇 %로 저장하면 좋은가?

① 13% 이하　　　② 20% 이하

③ 25% 이하　　　④ 30% 이하

곰팡이는 15% 수분에서, 30℃ 온도에서 잘 증식한다.

41 건조된 곡류나 땅콩 등 견과류에서 발생하여 발암을 유발하는 곰팡이 독소는?

① 엔토로도톡신　　② 아플라톡신

③ 에르고톡신　　　④ 뉴로톡신

· 아플라톡신(Aflatoxin) : 곡류, 땅콩 – 간장독, 간암유발
· 에르고톡신(Ergotoxin) : 맥각중독(보리, 호밀) – 간장독, 간암유발

42 동물이나 사람의 장관 내에 서식하는 균으로 흙 속에도 존재하는 균은?

① 살모넬라균　　　② 비브리오균

③ 웰치균　　　　　④ 병원성대장균

병원성대장균은 사람이나 동물의 대장에 서식하는 대장균으로, 장내염증과 설사를 유도하고, 방광염, 패혈증을 유발한다.

43 중금속에 의한 중독과 증상을 바르게 연결한 것은?

① 납 중독 – 빈혈 등의 조혈장애

② 수은 중독 – 골연화증

③ 카드뮴 중독 – 흑피증, 각화증

④ 비소 중독 – 사지마비, 보행 장애

이타이이타이병으로 카드뮴이 장기간에 걸쳐 섭취된 결과, 뼈가 연화(軟化)하여 변형·골절(骨折) 증상과, 단백뇨 등의 신장장애(腎障害)를 일으킨다.

44 육류의 색소성분과 반응하여 색을 선명하게 하는 물질은?

① 착색제　　　　　② 발색제

③ 팽창제　　　　　④ 산화제

발색제는 무색으로 식품의 색소 성분과 반응해서 그 색을 고정하거나 선명하게 한다.

45 기생충과 중간숙주의 연결이 바르지 않은 것은?

① 십이지장충 – 모기

② 말라리아 – 사람

③ 폐흡충 – 가재, 게

④ 무구조충 – 소

37 ①　**38** ①　**39** ②　**40** ①　**41** ②　**42** ④　**43** ③　**44** ②　**45** ①

해 설

십이지장충은 중간숙주 없이 입이나 피부로 감염되고, 장관에 붙어 피를 빨아먹어 빈혈을 유발하며, 혈관이나 림프관을 통해 폐로 간다(오염지구에서 맨발로 다니지 말 것).

46 미생물의 생육조건과 거리가 먼 것은?

① 온도　　　　② 수분
③ 햇빛　　　　④ 영양소

해 설

미생물 생육조건 : 온도, 수분, 영양소 수소이온농도

47 팽창제가 아닌 것은?

① 명반　　　　② 규소수지
③ 탄산암모늄　　④ 이스트

해 설

규소수지는 소포제로 거품을 제거할 목적으로 사용한다.

48 HACCP의 실행절차 중 네 번째 절차로 맞는 것은?

① 위해요소분석
② 중요관리점
③ 한계기준설정
④ 모니터링체계 확립, 감시

해 설

HACCP제도는 준비단계(5단계)와 실행절차(7원칙)가 있다.

49 허위표시 및 과대광고에 해당하지 않는 것은?

① 질병의 예방과 치료에 효능이 있다는 내용 표시
② 제품의 원재료와 다른 성분 표시
③ 문헌을 이용하여 광고
④ 외국과 기술 제휴한 것으로 혼동될 내용 표시

해 설

문헌을 이용하는 광고는 허위광고나 과대광고가 아니다.

50 다음 중 세균성 감염병 중 호흡기계에 의한 것은?

① 소아마비(폴리오)　　② 나병
③ 콜레라　　　　　　　④ 장티푸스

해 설

• 세균성감염병 중 호흡기계는 나병, 결핵, 디프테리아, 폐렴, 성홍열
• 소아마비(폴리오)는 바이러스성 감염병 중 소화기계 감염병이다.
• 콜레라, 장티푸스는 세균성 감염병 중 소화기계 감염병이다.

51 식품에 존재하는 물의 형태 중 자유수에 대한 설명으로 틀린 것은?

① 식품에서 미생물의 번식에 이용된다.
② −20℃에서도 얼지 않는다.
③ 100℃에서 증발하여 수증기가 된다.
④ 식품을 건조시킬 때 쉽게 제거된다.

해 설

자유수는 0℃에서 얼기 시작한다.

52 열량급원 식품이 아닌 것은?

① 감자　　　　② 쌀
③ 풋고추　　　④ 아이스크림

해 설

풋고추는 무기질 함량이 높은 채소로 에너지원으로 사용할 수 없다.

53 다음 중 유지의 발연점에 대한 설명으로 옳은 것은?

① 사용한 기름을 재사용하면 발연점이 높아진다.
② 기름에 불순물이 섞여 있으면 발연점이 높아진다.
③ 유리지방산의 함량이 많으면 발연점이 낮아진다.
④ 공기와 닿는 기름의 표면적은 발연점에 영향을 미치지 않는다.

사용한 기름을 재사용, 불순물이 섞여 있을 경우와 공기와 닿는 기름의 표면적이 넓을수록 발연점이 낮아진다.

54 다음 중 체중감소, 연연, 중추신경장애를 일으키는 중금속은?

① 크롬(Chrom)
② 납(Pb)
③ 주석(Sn)
④ PCB중독

해설

연연(잇몸에 나타나는 녹 · 흑색의 착색)

55 다음 과다사용 시 반상치를 유발하고, 소량사용으로 충치를 예방하는 것은? (원소기호 F)

① 붕산
② 승홍
③ 불소
④ 포르말린

해설

불소는 소량사용으로 충치를 예방하나 과잉사용 시 치아를 검게 만든다.

56 여름철에 김밥이나 도시락을 먹고 발생할 수 있는 식중독은?

① 포도상규균 식중독
② 크로스트리디움 보툴리늄균 식중독
③ 살모넬라 식중독
④ 병원성대장균 식중독

해설

포도상구균 식중독의 주증상은 장독소(배탈,설사)로 잠복기가 짧고, 독소인 엔테로도톡신은 끓여도 잘 파괴되지 않는다. 특히 손에 화농성질환이 있는 자는 음식물 취급을 하지 않아야 한다.

57 실외공기의 오염측정지표로 이용되는 것은?

① 질소(N)
② 이산화탄소(CO_2)
③ 아황산가스(SO_2)
④ 일산화탄소(Co)

해설

실내공기의 오염지표로 사용되는 것은 이산화탄소(CO_2)이다.

58 고기를 부드럽게 가공하기 위해 회전 칼날로 세로 방향으로 칼집을 넣는 주방기구는?

① 분쇄기
② 슬라이스 머신
③ 연육기
④ 그리들

해설

분쇄기 – 마늘, 생강, 고추 등 야채와 양념을 분쇄하는데 사용하는 기구이다.

59 다음 근채류 중 생식하는 것보다 기름에 볶는 조리법을 적용하는 것이 좋은 식품은?

① 당근
② 토란
③ 무
④ 고구마

해설

당근을 기름에 볶아서 섭취하면 지용성 비타민 A의 흡수율을 높일 수 있다.

60 급식 시설에서 주방의 면적을 산출할 때 고려해야 할 사항이 아닌 것은?

① 조리 인원
② 식단
③ 피급식자의 기호
④ 조리 기기의 선택

해설

피급식자의 기호는 주방의 면적과는 관계가 없다.

2020년 기출복원문제 제2회

01 다음 미생물의 크기가 가장 작은 것은?

① 세균
② 효모
③ 곰팡이
④ 바이러스

해설

미생물의 크기 순서
곰팡이 〉 효모 〉 스피로헤타 〉 세균 〉 리케차 〉 바이러스

02 식품위생법상 식품영업자 및 종업원의 건강 검진 주기로 바른 것은?

① 6개월
② 1년
③ 2년
④ 매월

해설

단체급식 영업자, 종사자 등은 매년 1회 건강검진(보건증)을 받는다.

03 다음 질병을 일으키는 병원균은?

① 저온균
② 중온균
③ 고온균
④ 초고온균

해설

저온균(15~20℃)	식품의 부패를 일으키는 부패균
중온균(15~20℃)	질병을 일으키는 병원균
고온균(55~60℃)	온천물에 서식하는 온천 균

04 생선 및 육류의 초기부패를 판정하는 지표가 되는 물질은?

① 다이옥신
② 포르말린
③ 아크롤레인
④ 트리메틸아민

05 국내에서 허가된 인공감미료는?

① 둘신(dulcin)
② 사카린나트륨(sodium saccharin)
③ 사이클라민산나트륨(sodium cyclamate)
④ 에틸렌글리콜(ethlene glycol)

해설

사카린나트륨
설탕보다 단맛이 깊고 가격이 저렴해 많이 사용했으나, 과잉 사용 시 유해하다는 검사결과 사용이 제한적으로 허용되고 있다(식빵, 이유식, 백설탕, 포도당, 물엿, 벌꿀, 알사탕에는 사용 금함).

06 육류제품 가공 시 아질산염과 제2급 아민이 반응하여 생기는 발암물질은?

① N–니트로사민
② 아크릴아마이드
③ 벤조피렌
④ PCB

해설

N–니트로사민
육가공품의 발색제 사용으로 생성되는 발암물질

07 기생충과 중간숙주의 연결이 바른 것은?

① 간흡충 – 왜우렁이 → 붕어, 잉어
② 폐흡충 – 다슬기 → 은어
③ 요코가와흡충 – 다슬기→ 가재, 게
④ 광절열두조충 – 물벼룩→ 붕어, 잉어

해설

• 간흡충 – 왜우렁이 → 붕어, 잉어
• 폐흡충 – 다슬기 → 가재, 게
• 요코가와흡충 – 다슬기 → 은어
• 광절열두조충 – 물벼룩 → 송어, 연어

정답

01 ④ **02** ② **03** ② **04** ④ **05** ② **06** ① **07** ①

08 다음 세균과 바이러스의 중간에 속하는 미생물로 동물에 기생하여 증식하는 것은?

① 세균 ② 효모
③ 리케차 ④ 바이러스

해설

리케차는 세균과 바이러스의 중간에 속한다. 2분법으로 증식하며 원형, 타원형으로, 살아있는 동물세포 속에서 기생·증식한다. (발진티푸스, 쓰쓰가무시병 유발)

09 다음중 미생물에 의하지 않는 변질은?

① 부패 : 단백질 식품의 변질
② 변패 : 단백질 이외에 식품의 변질
③ 산패 : 유지(기름)가 공기 중의 산소, 일광, 금속에 의한 변질
④ 발효 : 탄수화물이 미생물의 작용을 받아 유기산, 알코올 등을 생성하는 현상

해설

산패는 미생물이 아닌 공기 중의 산소를 만나 변질되는 현상이다.

10 다음 중 과일, 채소의 호흡작용을 조절하여 저장하는 방법은?

① 건조법 ② 냉장법
③ 통조림법 ④ 가스저장법

해설

가스저장법(CA저장법)은 바나나 등 과일, 채소를 보관하는 하는 방법으로 산소를 제거하거나 질소 또는 이산화탄소를 주입하는 방법이다.

11 하수도, 변소, 진개 등 오물소독에 사용하는 소독약은?

① 비눗물 ② 생석회
③ 염소용액 ④ 알코올

해설

하수도, 변소, 진개 등 오물소독은 생석회, 석탄산, 크레졸로 소독한다.

12 다음 중 보존료가 아닌 것은?

① 안식향산나트륨(sodium sabbatical acid)
② 소르빈산나트륨(sorbic acid)
③ 데히드로초산나트륨(dehydroacetic acid)
④ 유동파라핀(fluid paraffin)

해설

유동파라핀(fluid paraffin)은 이형제(빵틀에서 쉽게 분리)이다.

13 다음 중 빵이 빵틀에서 잘 떨어지도록 바르는 것은?

① 소포제 ② 이형제
③ 유화제 ④ 피막제

해설

이형제로 유동파라핀(fluid paraffin)을 함께 알아야 한다.

14 뼈에 축적되어 칼슘과 인의 대사이상으로 골연화증을 유발하는 중금속은?

① 불소(Fluorine) ② 납(Pb)
③ 수은(Hg) ④ 카드뮴(Cd)

해설

카드뮴 중독은 이타이이타이병으로 골연화증, 구토, 설사, 경련을 일으킨다.

15 파라티온, 말라티온과 같은 유해농약과 관련이 매우 높은 것은?

① 유기인제 ② 유기염소제
③ 비소화합물 ④ DDT

해설

유기인제는 인을 함유한 농약으로 독성이 강해 판매와 사용을 금지하고 있다.

16 주방위생관리의 목적으로 적합하지 않는 것은?

① 조리장은 매일 1회 이상 청소를 하고 청결하게 유지한다.

② 조리기기와 기구는 사용 후 깨끗이 세척하고 소독을 한 후 정돈하여 보관한다.

③ 식품은 항상 냉장시설에 보관한다.

④ 매주 1회 이상 소독제로 소독을 한다.

[해설]

각 식품마다 보관방법이 다르다.

17 식품안전관리인증기준(HACCP)으로 바르게 설명한 것은?

① 위해요소를 과정의 흐름에 따라 분석, 평가하여 위해요소를 예방하는 방식이다.

② HACCP제도의 수행단계는 3단계의 절차가 있다.

③ 생산, 유통의 과정에서 식품의 안전성을 확보하는 것이다.

④ 식품업체의 자율적인 위생관리방식으로 위해요소 발견 후 다룬다.

[해설]

②번 – 5단계와 7절차가 있다.
③번 – 생산, 유통, 소비의 전 과정에서 중점적으로 관리한다.
④번 – HACCP제도는 위해요소를 사전에 예방을 목적으로 한다.

18 세균성 식중독과 병원성 소화기계 감염병을 비교한 것으로 바르지 않은 것은?

세균성 식중독	소화기계 감염병
① 많은 균량으로 발병	균량이 적어도 발병
② 2차 감염이 빈번함	2차 감염이 없음
③ 식품위생법으로 관리	감염예방법으로 관리
④ 비교적 짧은 잠복기	비교적 긴 잠복기

[해설]

소화기계 감염병은 2차 감염이 되고, 세균성 식중독은 2차 감염이 안 된다.

19 60℃에서 30분간 가열하면 식품 안전에 위해가 되지 않는 식중독균은?

① 살모넬라균

② 클로스트리디움 보틀리눔균

③ 황색포도상구균

④ 장구균

[해설]

클로스트리디움 보틀리눔균은 통조림에서 발생하는 식중독균으로 가열 시 예방이 가능하다.

20 식품과 자연독의 연결이 맞는 것은?

① 독버섯—솔라닌(solanine)

② 감자—무스카린(muscarine)

③ 살구씨—파세오루나틴(phaseolunatin)

④ 목화씨—고시폴(gossypol)

[해설]

솔라닌 – 감자의 발아 부분, 무수카린 – 독버섯

21 위생교육 시간이 바르지 않은 것은?

① 영업자이거나 집단급식소를 설치·운영하는 자 : 3시간

② 식품접객업영업을 하려거나 집단급식소를 설치·운영하려는 자 : 6시간

③ 유흥주점의 유흥종사자 : 2시간

④ 식품제조 가공업, 즉석판매제조 가공업, 식품첨가물제조업 : 10시간

[해설]

유흥주점 유흥종사자	2시간
집단급식소를 설치 운영하는 자	3시간
영업자(식품자판기영업자 제외)	3시간
식품운반업, 보존업, 소분판매업, 용기·포장제조업을 하려는 자	4시간
식품접객 영업을 하려는 자	6시간
집단급식소를 설치·운영하려는 자	6시간
식품첨가물제조업, 식품제조·가공업, 즉석판매제조·가공업	8시간

22 소화 작업에 대한 설명으로 옳지 않은 것은?

① 점화원 온도를 낮추도록 한다.

② 산소 공급을 차단한다.

③ 유류화재 시에는 물을 부어 진화하도록 한다.

④ 가연물질 공급을 차단하도록 한다.

유류화재 시에는 물을 붓게 되면 불이 더 확산될 수 있다.

23 화재 시 조치 방법으로 소화 방법 중 산화반응을 약화시켜 소화하는 방법은?

① 제거소화　　　　② 질식소화

③ 냉각소화　　　　④ 억제소화

• 질식소화–산소공급원을 차단하여 소화하는 방법
• 제거소화–연소반응에 관계된 가연물을 제거하는 방법
• 냉각소화–연소하고 있는 가연물로부터 열을 뺏어 온도를 내리는 방법

24 식품 중 존재하는 수분에 대한 설명이 바르게 된 것은?

① 식품 내의 모든 수분은 0℃ 이하에서 모두 동결된다.

② 식품 중에서 유리수와 결합수는 독립적으로 존재한다.

③ 식품 중 수분은 편의상 유리수와 결합수로 분류된다.

④ 식품 내의 수분은 압착하면 모두 제거될 수 있다.

자유수 (유리수)	– 보통의 물(식품 중에 유리 상태로 존재하는 물) – 식품의 수분함량의 개념으로 사용 – 수용성 물질을 녹여 용매로 작용 – 미생물 번식에 이용 가능 – 유기물로부터 쉽게 분리 – 0℃ 이하에서 동결, 100℃ 이상에서 증발 – 4℃에서 비중이 가장 큼 – 표면 장력이 큼
결합수	– 식품 중의 탄수화물, 단백질 분자의 일부분으로 형성 – 수용성 물질을 녹이지 못하므로 용매로 사용이 불가능 – 미생물 번식에 이용 불가능 – 0℃ 이하에서 얼음으로 동결되지 않음 – 자유수보다는 밀도가 큼

25 수용성 비타민으로만 된 항목은?

① 비타민 A, D, E, K

② 비타민 A, B, E, P

③ 비타민 B, B_{12}, C, P

④ 비타민 C, D, E, P

수용성 비타민으로는 비타민 B_1, 비타민 B_2, 비타민 B_3, 비타민 B_6, 비타민 B_9, 비타민 B_{12}, 비타민 P 이다.

26 다음 중 교질용액 상태를 이루는 것은?

① 두유

② 마가린

③ 설탕 시럽

④ 물에 전분 풀어 놓은 용액

설탕 시럽은 진용액, 마가린은 유화액이며 물에 전분 풀어 놓은 용액은 현탁액을 이룬다.

27 조리법 중 비타민 C 파괴율이 가장 적은 것은?

① 무생채　　　　② 시금치국

③ 고사리무침　　　④ 오이지

비타민 C는 열이나 공기 중에 쉽게 파괴되며 물에 잘 녹아 나오기 때문에 빠르게 바로 조리하여 먹을 수 있는 무생채가 가장 파괴율이 적다.

28 찹쌀의 아밀로오스와 아밀로펙틴에 대한 설명 중 맞는 것은?

① 아밀로오스 함량이 더 많다.

② 아밀로오스 함량과 아밀로펙틴의 함량이 거의 같다.

③ 아밀로펙틴으로 이루어져 있다.

④ 아밀로펙틴은 존재하지 않는다.

찹쌀은 아밀로펙틴으로 이루어져 있고 멥쌀보다 소화가 용이하며 찰기가 강하다.

29 원가의 종류가 바르게 설명된 것은?

① 직접원가＝직접재료비, 직접노무비, 직접경비, 일반관리비

② 제조원가＝직접재료비, 제조간접비

③ 총원가＝제조원가, 지급이자

④ 판매원가＝ 총원가, 직접원가

해설

- 직접원가 : 직접재료비＋직접노무비＋직접경비
- 총원가 : 판매관리비＋제조원가
- 판매원가 : 총원가＋이익

30 폐기량이 있는 식품의 총 발주량 계산법으로 옳은 것은?

① {정미중량 ÷ (100 − 폐기율)} × 100 × 급식인원수

② {(100 − 폐기율) ÷ 정미중량} × 100 × 급식인원수

③ 정미중량 × 급식인원수

④ 정미중량 ÷ 급식인원수

해설

$$총발주량= \frac{정미량}{(100-폐기율)} \times 100 \times 인원수$$

31 높은 열량을 공급하고, 수용성 영양소의 손실이 가장 적은 조리방법은?

① 삶기 ② 끓이기

③ 찌기 ④ 튀기기

해설

튀기기는 많은 양의 뜨거운 기름 속에서 식품을 익히는 방법으로, 조리 시간이 짧으며, 영양소 손실이 적고 독특한 맛과 향기를 낼 수 있다.

32 재료 하나하나를 익혀 꼬치에 끼운 후 밀가루와 달걀물을 씌어 팬에 지지는 음식은?

① 지짐누름적 ② 빈대떡

③ 누름적 ④ 산적

해설

지짐누름적은 재료 하나하나를 익혀 꼬치에 끼운 후 밀가루와 달걀물을 씌어 팬에 지지는 음식이다.

33 밀가루 반죽에서 글루텐을 형성하는데 도움이 되는 조미료는?

① 설탕 ② 식초

③ 소금 ④ 간장

해설

지방	글루텐 형성 방해, 제품의 연화(쇼트닝) 작용
설탕	글루텐 형성 방해, 점탄성 약화, 가열 시 캐러멜화 반응으로 갈변현상
소금	글루텐의 구조를 단단하게 함

34 조리실의 후드(hood)는 어떤 모양이 가장 배출효율이 좋은가?

① 1방형 ② 2방형

③ 3방형 ④ 4방형

해설

조리실의 후드는 사방개방형이 가장 좋다.

35 일반적으로 젤라틴이 사용되지 않는 것은?

① 머시멜로우 ② 족편

③ 아이스크림 ④ 양갱

해설

양갱을 굳히는데 사용되는 것은 한천이다.

36 인덕션(induction) 조리기기에 대한 내용으로 틀린 것은?

① 상부에 놓이는 조리 기구는 금속성 철을 함유한 것이어야 한다.

② 가열속도가 빠른 반면 열의 세기를 조절할 수 없는 단점이 있다.

③ 조리기기 상부의 표면은 매끈한 세라믹 물질로 되어 있다.

④ 자기전류가 유도 코일에 의해 발생되어 상부에 놓인 조리기구와 자기마찰에 의한 가열이 되는 것이다.

정답

29 ② 30 ① 31 ④ 32 ① 33 ③ 34 ④ 35 ④ 36 ②

현대에 많이 보편화 되어진 조리기기로 효율성이 높을 뿐 아니라 열의 세기도 쉽게 조절이 가능한 장점을 가지고 있다.

37 다음 중 바삭하고 연한 튀김옷을 만드는 방법으로 적합하지 않은 것은?

① 밀가루 양의 1/2을 고구마 전분을 넣어준다.

② 15℃의 물로 반죽한다.

③ 소량의 설탕을 넣어준다.

④ 물 양의 1/3~1/4를 달걀로 대체한다.

튀김옷으로는 박력분이 적합하고 중력분을 사용할 경우는 밀가루와 감자 전분을 같은 양으로 반죽하면 잘 부풀고 바삭한 질감이 나고 고구마 전분을 사용하면 튀김옷이 질겨진다.

38 건열과 습식 열의 두 가지 방식을 이용한 조리법은?

① 글레이징(Glazing)

② 시어링(Searing)

③ 브레이징(Braising)

④ 팬 프라잉(Pan-frying)

브레이징은 서양 요리에서 건식열과 습식 열의 두 가지 방식을 이용한 대표적인 조리 방법으로 재료의 품질을 최대한 살려 준다.

39 밥 짓기 과정의 설명이 옳은 것은?

① 쌀을 씻어서 2~3시간 푹 불리면 맛이 좋다.

② 햅쌀은 묵은쌀보다 물을 약간 적게 붓는다.

③ 쌀은 80~90℃에서 호화가 시작된다.

④ 묵은 쌀은 쌀 중량의 약 2.5배 정도의 물을 붓는다.

햅쌀은 묵은쌀보다 덜 건조되었다.

40 어육 단백질인 미오신이 소금에 용해되는 성질을 이용해 만든 것은?

① 청포묵　　　　　② 어묵

③ 올방개묵　　　　④ 도토리묵

어육 단백질인 미오신이 소금에 용해되는 성질을 이용해 생선살을 갈아 소금을 넣고 만든다.

41 전처리에 해당하지 않는 것?

① 자르기(절단)　　② 다듬기(탈피)

③ 볶기　　　　　　④ 수분 제거하기

볶기는 조리과정에 해당한다.

42 가스오부시의 감칠맛 성분은?

① 호박산　　　　　② 이노신산

③ 주석산　　　　　④ 글루탐산

가쓰오의 감칠맛은 이노신산, 다시마의 감칠맛은 글루탐산이다.

43 국물이 없도록 조린 음식으로 국물에 녹말물을 풀어 윤기나게 만드는 조리 방법은?

① 초　　　　　　　② 조림

③ 볶음　　　　　　④ 무침

초는 국물이 없도록 조린 음식이다. 예 홍합초, 삼합초

44 조림 요리를 뭉근히 끓이거나 국물 요리 시 사용하고 조림 요리 시 색을 내고자할 때 불의 세기는?

① 센불　　　　　　② 중불

③ 약불　　　　　　④ 강한 불에서 중불로

조림 요리를 뭉근히 끓이거나 국물 요리에는 약불이 적당하다.

정답　37 ①　38 ③　39 ②　40 ②　41 ③　42 ②　43 ①　44 ③

45 소고기를 도톰하게 저며 부드럽게 연육한 후 양념하여 굽기를 반복하여 만든 음식은?

① 염통구이 ② 갈비구이

③ 너비아니구이 ④ 장포육

해 설

장포육은 소고기를 도톰하게 저며 부드럽게 연육한 후 양념하여 굽기를 반복하여 만든 음식이다.

46 숙채 조리 중 끓는 물에 데쳐 무치는 요리가 아닌 것?

① 콩나물 ② 쑥갓나물

③ 호박나물 ④ 시금치나물

해 설

호박나물은 소금에 절였다가 기름에 볶는 것이다.

47 식품공전에서의 온도가 바르지 않는 것은?

① 표준온도 : 20℃ ② 실온 : 1~35℃

③ 상온 : 10~25℃ ④ 미온 : 30~40℃

해 설

상온 15~25℃

48 공중보건의 대상이 바르지 않는 것은?

① 지역사회 ② 개인

③ 국민전체 ④ 학교

해 설

공중보건은 개인을 대상으로 하지 않는다.

49 감염병과 주요한 감염경로의 연결이 틀린 것은?

① 공기 감염 – 폴리오

② 직접 접촉감염 – 성병

③ 비말 감염 – 홍역

④ 절지동물 매개 – 황열

해 설

폴리오바이러스는 장 바이러스의 일종으로 하수, 파리, 사람을 통해서 전파된다.

50 다음 중 2500~2800Å(옴스트롱)으로 파장이 짧고 강한 살균력을 갖는 광선은?

① 적외선 ② 가시광선

③ 자외선 ④ 원적외선

해 설

자외선은 강한 살균력이 있고, 피부암, 각막손상, 결막염을 유발하기도 한다.

51 다음 중 인공조명으로 인한 질병과 거리가 먼 것은?

① 안구 진탕증 ② 백내장

③ 안정피로 ④ 일사병

해 설

인공조명으로 인한 질병은 안구 진탕증, 백내장, 가성근시, 안정피로이다.

일사병 – 고열환경(적외선의 강한 열작용과 관련이 있다)

52 다음의 마크는 어떤 식품을 표시하는 마크인가?

① HACCP ② 유기농

③ 방사선조사식품 ④ HACCP 품질인증

53 오래된 과일이나 산성 채소 통조림에서 유래되는 화학성 식중독의 원인물질은?

① 메탄올 ② 주석

③ 철분 ④ 아연

해 설

주석은 통조림관에서 용출되어 화학성 식중독을 유발한다.

정답

45 ④ **46** ③ **47** ③ **48** ② **49** ① **50** ③ **51** ④ **52** ③ **53** ②

54 식품위법상 영업의 신고 대상 업종이 아닌 것은?

① 일반음식점

② 단란주점

③ 휴게음식점

④ 식품제조가공업

해설

- 단란주점, 유흥주점은 허가 대상 업종이다(허가권자 : 시장, 군수, 구청장, 시·도지사).
- 식품조사처리업 허가권자(식품의약품안전처장은 식품조사처리업만 허가한다)

55 세균 번식이 잘되는 식품과 가장 거리가 먼 것은?

① 온도가 적당한 식품

② 수분을 함유한 식품

③ 영양분이 많은 식품

④ 산이 많은 식품

해설

- 세균번식은 온도, 수분, 영양과 관계된다(산성, 압력 등은 아니다).
- 세균은 보통 약알칼리나 중성에서 잘 자란다.

56 다음 중 치사율이 가장 높은 식중독균은?

① 포도상구균

② 살모넬라

③ 장염비브리오

④ 클로스트리디움 보툴리늄

해설

포도상구균(0%), 살모넬라(0.1%), 장염비브리오(40~60%), 클로스트리디움 보툴리눔(70%)

57 다환 방향족 탄화수소로 훈제육이나 태운 고기에서 다량 검출되는 발암 작용을 일으키는 것은?

① 질산염

② 알코올

③ 벤조피렌

④ 포름알데히드

해설

벤조피렌은 섭취했을 때 암 발생 확률이 높은 물질로 타르(tar) 따위에 들어 있으며, 담배 연기나 배기가스에도 들어 있는 것으로 알려져 있다.

58 육류를 통해 감염되는 기생충이 아닌 것은?

① 광절열두조충 – 돼지

② 무구조충 – 소

③ 만소니열두조충 – 닭

④ 톡소플라스마 – 고양이

해설

- 광절열두조충 – 연어나 송어로부터 감염되고, 장에 서식하는 긴촌충이다.
- 돼지 – 유구조충, 선모충

59 역성비누 사용법으로 바르지 않은 것은?

① 역성비누로 먼저 손을 씻은 후 보통비누 사용

② 조리사 손 소독에 사용

③ 일반비누로 손을 씻은 후 역성비누를 사용

④ 일반비누와 섞어 사용 시 살균력이 없어짐

해설

- 살균력이 강하지만 보통의 비누와는 반대의 성질이 있어 역성비누라 한다.
- 비누로 먼저 씻어낸 후 역성비누를 사용하여야 한다.

60 식품의 부패과정에서 생성되지 않는 물질은?

① 암모니아

② 포르말린

③ 황화수소

④ 인돌

해설

포르말린은 공업용 방부제 및 소독제로 쓰인다.

정답

54 ② **55** ④ **56** ④ **57** ③ **58** ① **59** ① **60** ②

한식조리기능사 필기
7년간 출제문제

발 행 일	2022년 1월 5일 개정판 1쇄 인쇄
	2022년 1월 10일 개정판 1쇄 발행
저 자	정수빈·강미숙·박선화 공저
발 행 처	크라운출판사 http://www.crownbook.com
발 행 인	이상원
신고번호	제 300-2007-143호
주 소	서울시 종로구 율곡로13길 21
공 급 처	(02) 765-4787, 1566-5937, (080) 850~5937
전 화	(02) 745-0311~3
팩 스	(02) 743-2688, 02) 741-3231
홈페이지	www.crownbook.co.kr
I S B N	978-89-406-4527-7 / 13590

특별판매정가 18,000원